SOCIÉTÉ IMPÉRIALE ZOOLOGIQUE D'ACCLIMATATION

ET

SOCIÉTÉ DU JARDIN ZOOLOGIQUE D'ACCLIMATATION.

EXPOSITION

UNIVERSELLE

DES RACES CANINES

AU

JARDIN ZOOLOGIQUE D'ACCLIMATATION

OUVERTE DU 3 AU 10 MAI 1863.

PARIS

AU SIÉGE DE LA SOCIÉTÉ, RUE DE LILLE, 19

(HÔTEL LAURAGUAIS).

1863

SOMMAIRE.

EXPOSITION

UNIVERSELLE

DES RACES CANINES

AU

JARDIN ZOOLOGIQUE D'ACCLIMATATION

DU BOIS DE BOULOGNE.

OUVERTE DU 3 AU 10 MAI 1863.

PARIS

AU SIÉGE DE LA SOCIÉTÉ, RUE DE LILLE, 19

(HÔTEL LAURAGUAIS).

1863

PARIS. — Imprimerie de E. MARTINET, 2, rue Mignon.

EXPOSITION

UNIVERSELLE

DES RACES CANINES

AU

JARDIN ZOOLOGIQUE D'ACCLIMATATION

DU BOIS DE BOULOGNE.

Ouverte du 3 au 10 mai 1863 (1).

———

Noms des Membres de la Commission chargée de l'organisation de l'Exposition.

M. de QUATREFAGES DE BRÉAU, *président de la Commission.*

MM.	MM.	MM.
le comte d'Éprémesnil, secrétaire général de la Société impériale et de la Société du Jardin d'acclimatation.	A. Geoffroy Saint-Hilaire, directeur adjoint.	de Saint-Albin Lagoyère.
	de Belleyme.	Léon Bertrand.
	Jacquemart.	Godila.
	Ruffier.	Gaillard.
Rufz de Lavison, directeur du Jardin.	Bonneau du Martray.	Gillet de Grandmont.
		Pierre Pichot.

Membres du Jury d'admission.

MM.	MM.	MM.
Le Couteulx de Canteleu.	Jadin.	Leblanc père et fils.
de Noirmont.	Gillet de Grandmont.	Pierre Pichot.

Noms des Membres du Jury, repartis en quatre sous-commissions.

M. de QUATREFAGES DE BRÉAU, *président du jury.*

1re SOUS-COMMISSION. — Chiens d'utilité.

Président : le vicomte de la ROCHEFOUCAULD.

MM.	MM.	MM.
le comte d'Éprémesnil.	A. Geoffroy Saint-Hilaire.	P. Pichot.
Ed. André.	Jacquemart.	Rousseau.
de Belleyme.	le comte le Couteulx de Canteleu.	Rufz de Lavison.
le baron de Carayon la Tour		le vicomte de Valmer.

(1) Voyez, pour le Règlement de cette exposition, *Bulletin de la Société impériale d'acclimatation,* n° 4, avril 1863, p. 239.

2ᵉ SOUS-COMMISSION. — Chiens de chasse à courre.

Président : le prince de WAGRAM.

MM.	MM.	MM.
le comte H. de l'Aigle.	Gérusez.	le comte de Lorge.
P. Caillard.	le comte de Greffulhe.	le duc de Plaisance.
le marquis de Dampierre.	le vicomte de Grente.	de Pully.
le comte Maurice de Ga-	Jadin.	de Salverte.
nay.	le comte de Lentillac.	

3ᵉ SOUS-COMMISSION. — Chiens d'arrêt.

Président : le comte de NIEUWERKERKE.

MM.	MM.	MM.
de la Besge.	Gillet de Grandmont.	Pomme.
le comte des Cars.	le baron de Noirmont.	Ruffier.
le vicomte Clary.	le comte d'Orglandes.	le comte de Valon.
Delamarre.	de Saint-Albin-Lagayère.	Walker.
Ed. Dufour.	le baron de Saint-Pierre.	

4ᵉ SOUS-COMMISSION. — Chiens de luxe.

Président : M. LEBLANC.

MM.	MM.	MM.
le vicomte de Chezelles.	Makensie Grieves.	le baron de Rothschild.
de la Débutrie.	Ch. Jacque.	Smith.
Desvignes.	de Quatrefages.	Vernois.
Godin.		

LISTE DES DONS POUR LES PRIX.

S. A. LE PRINCE IMPÉRIAL, une médaille d'or.
Société impériale d'acclimatation . . . . 2000 fr.
Jardin d'acclimatation 2500
S. Exc. M. Drouyn de Lhuys, Ministre des affaires étrangères
  et président des deux sociétés, une médaille d'or.
Dames patronnesses du Jardin d'acclimatation 2120
Ville de Paris 1000
Ministère de l'agriculture (quatre médailles) 200
Jockey-Club 1000
Grande vénerie impériale 500
M. le baron James de Rothschild 500
M. Furne, un objet d'art, évalué 300
Prix du Poitou 280
Sport 200
M. Léon de Laval 100
Journal des chasseurs 70
M. Pallu, un objet d'art.
M. Jadin, un portrait de Chien.
M. Ch. Jacque, un portrait de Chien.
M. Philippe Rousseau, un portrait de Chien.
M. Godin, statuette d'un Chien primé.

EXPOSITION UNIVERSELLE DES RACES CANINES

AU JARDIN ZOOLOGIQUE D'ACCLIMATATION DU BOIS DE BOULOGNE.

Lorsqu'il y a un an, la Société impériale d'acclimatation et celle du Jardin zoologique d'acclimatation arrêtèrent qu'il serait fait une exposition universelle des races canines, elles prirent soin de préciser le caractère qu'elles entendaient donner à cette exposition (1). Ce n'était point un spectacle de curiosité, et encore moins un marché qu'on se proposait d'ouvrir ; on voulait, sous un point de vue autant scientifique que pratique, réunir une collection de Chiens aussi complète que possible, afin de distinguer les races pures, utiles ou d'agrément, et les croisements bons à conserver ; faire, en un mot, une étude et une révision générale de l'espèce ; de là le titre d'*Universelle* donnée à cette exposition.

Telle était aussi la signification de la nomination de M. de Quatrefages, vice-président de la Société impériale d'acclimatation, membre de l'Institut, professeur au Muséum, comme président de la commission chargée d'organiser cette exposition. (Voy. p. 3, la liste de ses membres.)

La commission s'occupa de donner à cette exposition la plus grande publicité. Des instructions qui en indiquaient les conditions furent partout répandues; des lettres furent adressées aux principaux veneurs de France et de l'étranger, à MM. les officiers de Louveterie et aux consuls de France dans les résidences les plus éloignées, pour les prier de prêter leur concours à l'œuvre des deux Sociétés d'acclimatation.

Malheureusement beaucoup de réponses apprirent qu'excepté en Angleterre et dans les pays civilisés de l'Europe, les races canines existantes n'offraient pas en général des carac-

(1) Voyez *Bulletin de la Société impériale d'acclimatation*, décembre 1862. — Rapport du directeur et Programme de l'exposition.

tères assez remarquables pour fixer l'attention, et ne formaient, presque toutes, que ces mélanges confus, résultats de croisements multipliés et sans choix, désignés sous le nom de *Chiens de Rues!* Ainsi, pour les Chiens, comme pour toutes les autres espèces d'animaux domestiques, on peut dire que le degré de civilisation d'un peuple se peut reconnaître au soin qu'il prend des animaux qui lui servent d'auxiliaires.

Au 20 avril, plus de 1000 Chiens étaient annoncés.

Une commission spéciale, sous la présidence du directeur adjoint, M. A. Geoffroy Saint-Hilaire, avait été chargée d'examiner et de choisir les Chiens qui seraient admis à être exposés. (Voy. p. 3, la liste des membres.) Pendant trois jours, elle se livra à cet examen avec le plus grand soin et la plus grande activité; huit cent cinquante Chiens seulement furent reçus.

Ces Chiens furent disposés en quatre catégories et en trente-deux classes, suivant un programme (voy. p. 86) publié à l'avance et rédigé, après de longues recherches, par la commission d'admission.

L'ensemble de l'exposition, qui se déployait en longueur dans la grande allée du Jardin, occupait 1800 mètres.

Un jury (Voy. les noms p. 3) composé de quatre commissions, suivant les catégories établies, se livra pendant quatre jours à l'examen des Chiens exposés, et répartit les récompenses, ainsi qu'on le verra dans les rapports et le programme que nous donnons à la fin de cette notice.

Le 11 mai, la distribution des prix eut lieu, en présence d'une nombreuse et brillante assemblée, sous la présidence de M. de Quatrefages; M. Drouyn de Lhuys, Ministre des affaires étrangères et président de la *Société impériale d'acclimatation,* assistait à cette solennité. Plusieurs grandes administrations et quelques particuliers avaient voulu contribuer, par leurs dons, à augmenter l'importance des récompenses. (Voy. la liste des dons, p. 4.)

M. de Quatrefages ouvrit la séance par le discours suivant :

DISTRIBUTION DES RÉCOMPENSES.

DISCOURS D'OUVERTURE,

Par M. A. de QUATREFAGES,
Membre de l'Institut,
Professeur-administrateur au Muséum,
Vice-président de la Société impériale d'acclimatation,
Président du jury.

(Séance du 11 mai 1863.)

Messieurs,

Notre premier maître à tous, Buffon, a dit : « La grandeur de
» la taille, l'élégance de la forme, la force du corps, la liberté
» des mouvements, toutes les qualités extérieures, ne sont pas
» ce qu'il y a de plus noble dans un être animé..... La per-
» fection de l'animal dépend de la perfection du sentiment.
» Plus il est étendu, plus l'animal a de facultés et de res-
» sources, plus il a de rapports avec le reste de l'univers. Et
» lorsque le sentiment est délicat, exquis, lorsqu'il peut
» encore être perfectionné par l'éducation, l'animal devient
» digne d'entrer en société avec l'homme. Il sait concourir
» à ses desseins, veiller à sa sûreté, l'aider, le défendre, le
» flatter ; il sait, par des services assidus, par des caresses
» réitérées, se concilier son maître, et de son tyran se faire
» un protecteur. »

Vous comprenez, messieurs, qu'il s'agit du Chien. Buffon
continue, et, dans des pages que je n'aurai pas la présomption de refaire, il suit cet animal dans son existence entière.
Insistant sur cette *perfection*, sur cette *chaleur du sentiment*
qui caractérise l'espèce, il le montre animé d'une seule
crainte, celle de déplaire ; plus sensible au souvenir des bien-
faits qu'à celui des outrages ; léchant la main qui vient de le
frapper, et la désarmant par la patience et la soumission ; se
faisant l'ami des amis de son maître, l'ennemi de ses ennemis ; se conformant à ses mœurs, à ses manières et prenant le
ton de la maison, de sorte qu'il devient aussi délicat et dédai-
gneux chez les grands que rustre à la campagne.

Buffon aurait pu ajouter que dans son désir de se rapprocher de l'Homme, le Chien s'est efforcé d'imiter la parole. Telle est au moins la seule explication plausible de l'aboiement. Cette voix n'appartient qu'au Chien domestique ; elle ne lui est pas naturelle ; il l'oublie et la perd en diverses circonstances et surtout dans la solitude ; il la retrouve en rentrant dans la société humaine. Ce fait, étrange en lui-même, important par ses conséquences, résulte d'observations précises et multipliées. Je n'en citerai qu'une seule.

Vous savez que l'île déserte de Juhan-Fernandez, l'île du véritable Robinson (1), avait reçu lors des premières découvertes un certain nombre de Chèvres qui multiplièrent rapidement. Longtemps ces troupeaux servirent à ravitailler les corsaires attirés dans le Pacifique par l'espoir de capturer les galions chargés des trésors du Pérou. Pour enlever cette ressource à leurs aventureux ennemis, les Espagnols eurent l'idée, vers 1740, de lâcher dans la même île quelques couples de Chiens. Le succès dépassa leur attente. Les Chiens redevenus sauvages et bientôt très-nombreux détruisirent les Chèvres, si bien qu'ils seraient morts de faim si les Phoques ne leur eussent offert une mine inépuisable de gibier. Dès 1743, don Antonio Ulloa constata dans l'île même que ces Chiens n'aboyaient plus (2). Quelques individus mis à bord du navire restèrent également muets, jusqu'au moment où, réunis à des chiens domestiques, ils cherchèrent à les imiter. » Mais ils s'y prenaient maladroitement, ajoute l'auteur, et » comme si, pour se conformer à l'usage, ils apprenaient » une chose à laquelle ils étaient restés jusque-là étrangers.»

Petits-fils d'animaux qui avaient su aboyer, ces Chiens de Juhan-Fernandez retrouvèrent donc assez promptement la voix de leurs ancêtres. Les représentants d'une race depuis

(1) Le type de Robinson Crusoé s'appelait Alexandre Selkirk. Il fut abandonné dans l'île de Juhan-Fernandez par le capitaine Stradling, en 1704, et recueilli en 1709 par Wood-Rogers.

(2) L'observation d'Ulloa ayant été faite environ trente ans après que les Chiens eurent été mis dans l'île, et cette espèce pouvant se reproduire au bout d'un an, on voit que trente générations au plus suffisent pour produire l'effet indiqué ici.

longtemps muette (1) sont loin de faire d'aussi rapides progrès. Un couple de Chiens de la rivière Mackensie, amenés en Angleterre, n'eurent jamais que le hurlement de leurs compatriotes ; mais la femelle, ayant mis bas en Europe, son petit, entouré de Chiens qui aboyaient, apprit fort bien la langue du pays.

L'homme trouvant un animal si merveilleusement disposé à lui obéir, semble s'être complu à le mettre à l'épreuve. Il lui a *tout* demandé, et en a *tout* obtenu. Pour lui, le Chien s'est fait bête de somme, bête de trait, de guerre, de garde, de chasse, de pêche, animal de ferme et de salon, d'écurie et de boudoir ; quand le gibier, le poisson, le bétail ont manqué, il s'est transformé en animal de boucherie ; avec l'homme il a émigré d'île en île, de continents en continents ; il l'a suivi sur les glaces du pôle et dans les sables brûlants, dans les déserts et dans les cités, sous le chaume et dans les palais. Partout en un mot, l'homme a eu à ses côtés le Chien, toujours utile, souvent indispensable, pour satisfaire tantôt aux mille caprices du luxe et de la mode, tantôt aux plus impérieux besoins.

Pour répondre à des exigences aussi diverses, le *sentiment* dont parle Buffon, même secondé par une intelligence sans égale chez les animaux (2), eût été bien insuffisant. Il fallait encore une organisation singulièrement flexible, un corps prêt à se transformer en vue du but à atteindre. Ni l'un ni l'autre n'ont fait défaut. Pour forcer le Lièvre à la course, le chien a allongé et effilé ses jambes ; pour débusquer le Blaireau ou le Renard, il les a tordues et raccourcies ; pour terrasser les Loups, coiffer les Sangliers ou lutter contre des ennemis plus formidables encore, il a grandi sa taille, fortifié

(1) On appelle *Chiens muets* ceux qui n'aboient pas ; mais l'expression est exagérée, car ils conservent toutes les autres voix du Chien, c'est-à-dire toutes celles qui leur sont naturelles et que l'on retrouve dans la souche sauvage.

(2) Au reste, cette intelligence est en très-grande partie acquise comme la plupart des autres qualités du Chien. Ici comme chez le Cheval, on constate l'influence de l'hérédité s'exerçant sur les *facultés* aussi bien que sur les *organes*.

ses os et ses muscles, allongé ses crocs; pour pénétrer dans le
hamac des créoles ou le manchon des marquises, il a réduit
tout son être et s'est fait miniature de lui-même.

Qu'est donc cet étrange Protée qui se métamorphose à
chaque instant pour mieux nous servir et nous plaire ? Est-il
le produit d'un croisement séculaire entre plusieurs espèces
qui auraient pour ainsi dire accumulé dans un être complexe
leurs caractères physiques et leurs instincts divers? Ou bien
tous les Chiens, quels que soient leur taille, leurs formes,
leur pelage, leurs qualités, appartiennent-ils à une seule et
même espèce? S'il en est ainsi, cette espèce est-elle distincte
de toutes les autres, et en entier soumise à l'empire de
l'homme? Ou nos Chiens ne sont-ils que les rejetons trans-
formés et civilisés d'une souche sauvage existant encore
quelque part? Ces opinions si différentes ont été soutenues
par des hommes presque également illustres. Toutefois je
ne crois pas qu'il soit aujourd'hui possible d'hésiter, à la
seule condition d'oublier cette étude exclusive des caractères extérieurs, cette morphologie exagérée, dont l'abus et
les dangers en histoire naturelle deviennent chaque jour
plus évidents.

La multiplicité même des formes et des proportions chez
le Chien est un des plus sérieux arguments à opposer à ceux qui
veulent voir en lui le fruit du concours de plusieurs espèces.
Pour expliquer par la diversité des origines l'existence de
toutes nos races canines, a dit Frédéric Cuvier, il faudrait admettre *au moins cinquante espèces souches*. Ajoutons qu'au
moins quarante de ces espèces supposées, — et précisément
les plus tranchées, — ne se trouvent nulle part ailleurs, ni
dans la faune actuelle, ni dans aucune des faunes fossiles, et
nous croirons en avoir assez dit pour vous amener à conclure
avec Buffon, avec Linné, avec les deux Cuvier et les deux
Geoffroy Saint-Hilaire, que tous les Chiens appartiennent à
une espèce unique (1).

(1) Quelques passages d'Is. Geoffroy Saint-Hilaire, pris isolément, sem-
bleraient indiquer pourtant qu'il regarde comme *possible* que certaines races
doivent leurs caractères spéciaux à une hybridation. Mais cette opinion ne

Mais cette espèce a-t-elle été totalement domestiquée, si bien que nos Chiens ne comptent plus de frères parmi les animaux sauvages ? Linné et Buffon l'ont pensé, et ce dernier a même cru trouver dans le Chien de berger, le vrai *Chien de la nature*. C'était là une erreur facile à réfuter à l'époque même où la soutenaient les deux grands contemporains. Alors, comme aujourd'hui, on savait que des Chiens domestiques ont parfois rompu leurs antiques liens, abandonné l'homme, et transmis à leurs descendants la liberté qu'ils avaient reconquise. Rentrés ainsi dans la vie sauvage, ils en ont repris tous les instincts. En Amérique, ces Chiens libres ont ajouté un animal féroce de plus à ceux du nouveau monde. — Eh bien ! si l'homme d'aujourd'hui n'a pu retenir à ses côtés tous les représentants de races asservies depuis des siècles, comment admettre que l'homme des anciens jours ait pu confisquer à son profit l'espèce entière, alors qu'elle était dans toute la force de son indépendance première, et qu'elle recevait avec le sang, les instincts intacts de la liberté ?

Linné, Buffon ont dû se faire cette objection. Ils ont dû se dire que le Chien primitif ne pouvait avoir disparu et devait se retrouver parmi les espèces sauvages existantes, mais ils se trouvaient en présence d'une opinion généralement répandue et soutenue par Cardan, Zimmermann, Hunter, etc., qu'ils ne pouvaient partager. Ceux-ci ont voulu voir dans le Loup le père du Chien. Linné, Buffon étaient trop naturalistes pour méconnaître les différences de toutes sortes qui séparent ces deux espèces ; ils ne savaient où chercher ailleurs, car le catalogue mammalogique était alors bien loin d'être assez avancé ; et voilà sans doute comment ils furent conduits à admettre provisoirement une hypothèse insoutenable de nos jours.

A Guldenstädt et à Pallas revient l'honneur d'avoir démêlé la vérité. A peu près en même temps, tous deux étudièrent

peut être invoquée quand il s'agit des races les plus *excentriques*, telles que Bassets, Bichons, Dogues, etc. Par cela seul on devrait l'écarter. Mais d'autres raisons tirées de la physiologie et des phénomènes observés dans les races d'autres espèces s'opposent également à ce qu'on l'accepte même comme probable.

en zoologistes, une espéce jusque-là fort mal connue et arrivèrent à une conclusion identique (1). Tous deux avaient observé le Chacal et le Chien vivant à côté l'un de l'autre dans les mêmes contrées ; tous deux virent dans le second, le descendant apprivoisé et modifié du premier. D'autres naturalistes voyageurs, entre autres Ehrenberg, répétèrent leurs observations, confirmèrent leurs conclusions. La souche sauvage du Chien était enfin trouvée.

Lorsqu'une solution nouvelle se produit à propos d'un problème longtemps controversé, elle est souvent accueillie d'autant plus difficilement qu'elle est plus vraie. L'étroite parenté du Chacal et du Chien a donc été vivement contestée aujourd'hui, et l'est encore par quelques savants, en France surtout. Toutefois les idées de Guldenstädt et de Pallas sont celles de la plupart des naturalistes qui ont examiné la question avec soin ; elles étaient hautement professées par le savant qui présiderait sans doute cette assemblée si nous le possédions encore. Voici en quels termes Isidore Geoffroy Saint-Hilaire résumait les motifs de sa croyance. — « Le Chien a la même » organisation anatomique que le Chacal, sans qu'une seule » différence constante puisse être aperçue. Il en reproduit » parfois les formes extérieures, le système de coloration, et » jusqu'aux teintes elles - mêmes. Sur plusieurs points de » l'Asie, de l'Europe orientale et de l'Afrique, on trouve en » même temps, à l'état libre des Chacals, et à l'état domes- » tique des Chiens qui leur sont très-semblables ; si semblables » qu'on ne saurait méconnaître ici, disent les voyageurs, les » ascendants et les descendants encore réunis dans les mêmes » lieux, et, pour ainsi dire, les rejetons encore implantés » dans la souche commune (2). »

Plus que tout autre, Isidore Geoffroy a contribué à mettre hors de doute l'identité spécifique du Chien et du Chacal ; et

---

(1) Le mémoire de Guldenstädt, sur les Chacals, a paru la même année que le fascicule des *Spicilegia zoologica*, où Pallas a fait connaître son opinion (1776), mais le travail du premier avait été primitivement communiqué à l'Académie des sciences de Saint-Pétersbourg. (Is. Geoffroy Saint-Hilaire, *Histoire naturelle générale des règnes organiques*.)

(2) *Histoire naturelle générale des règnes organiques*, t. III.

cela par des observations que je rappelle avec d'autant plus
de plaisir qu'elles ont été faites au Muséum, dans cette ménagerie fondée par le père, si largement développée par le fils.
C'est Isidore Geoffroy qui a rendu au Chien domestique l'o-
deur prétendue caractéristique du Chacal, en le nourrissant
exclusivement de viande crue ; c'est lui qui a démontré l'éga-
lité absolue du temps de gestation ; c'est lui qui, reprenant
en sens inverse les expériences faites sur les Chiens de Juhan-
Fernandez et de la rivière Mackensie, a fait entendre à tout son
auditoire un Chacal aboyant avec la sûreté d'intonation de nos
Chiens d'Europe (1) ; c'est à lui enfin que nous devons l'histoire de ce *chien*, comme l'appelait tout le monde, et qui
était en réalité un chacal d'Alger apprivoisé par un de nos
soldats. Cet animal doux et affectueux avec son maître, familier
avec tous, vivait en pleine liberté, et en profitait pour
aller dans les rues de Grenoble jouer aver les véritables chiens
qui l'accueillaient et le traitaient comme un des leurs (2). —
C'est là une observation décisive, car elle montre l'identité
d'espèce acceptée, non seulement par l'intelligence humaine,
mais encore par l'instinct et le *flair* de ces animaux.

Mais comment le Chacal s'est-il transformé et a-t-il engen-
dré cette multitude de formes que je rappelais tout à l'heure ?
A qui ferait cette question à titre d'objection ou de difficulté,
je répondrais : « Comment se forment toutes ces races qui,
dans toutes les espèces animales domestiquées, dans toutes
les espèces végétales cultivées, semblent naître sur les pas et
sous la main de l'homme ? » — Et nous nous retrouverions
en présence du problème général qu'ont abordé les plus
grands esprits des temps modernes, qu'ils ont tous résolu
dans le même sens, souvent en dépit des théories, des doc-
trines contraires qu'ils professaient ailleurs.

Les organismes vivants ne sont pas, comme les corps bruts,
enchaînés à des formes, régis par des lois mathémathiques.
Soumis à l'action du milieu qui les entoure, dépendants de

(1) Les loups de la ménagerie essaient aussi parfois d'aboyer, mais il n'y
parviennent jamais entièrement. (Is. Geoffroy Saint-Hilaire, *loc. cit.*)

(2) *Histoire naturelle générale des règnes organiques*, t. II.

circonstances qui changent parfois dans des limites très-étendues, il fallait qu'une certaine variabilité anatomique et physiologique leur permit de s'adapter à des conditions d'existence diverses. Sous peine de périr, quand elles se modifient, il faut que l'animal, que le végétal se modifient aussi. De là proviennent ces *races naturelles* si souvent encore prises pour des espèces distinctes. Lorsque l'homme intervient, il apporte, même sans le vouloir, un élément de variété presque indéfini dans les conditions d'existence. De là résultent le nombre et la diversité des *races domestiques*. Dès qu'il applique son intelligence à multiplier, à caractériser davantage les résultats inattendus de son action, il produit ces miracles dont la zootechnie et l'art du maraicher, du fleuriste, de l'arboriculteur, fournissent chaque jour des exemples (1).

Eh bien! plus qu'aucune autre espèce et depuis plus longtemps, le Chien a subi toutes ces influences modificatrices.— « Pour se rendre maître de l'univers vivant, a dit Buffon, il » a fallu commencer par se faire un parti parmi les ani- » maux. — » Au cœur de l'Asie qui fut sa patrie originelle (2), l'Homme des premiers jours trouva à côté de lui le Chacal, prêt à le suivre. Il en fit son allié et ils ne se sont pas quittés depuis. Partout où l'Homme a poussé ses tribus les plus excentriques, on retrouve le Chacal devenu le Chien domestique. Il a donc subi toutes les actions du milieu qu'on peut rencontrer sur le globe. En outre, l'Homme a décuplé, centuplé par son industrie l'influence des agents natu-

(1) J'ai traité avec détail toutes ces questions dans mon livre intitulé : *Unité de l'espèce humaine*, car la démonstration de cette unité reposant en entier sur l'étude des races animales et végétales, j'ai été par cela même forcé d'examiner tout ce qui est relatif à la formation et au maintien de ces races, aux limites de variations.....

(2) La géographie zoologique démontre le cantonnement primitif de l'espèce humaine, comme l'anatomie et la physiologie en démontrent l'unité. Tout conduit à regarder le centre de l'Asie comme le point d'où l'Homme a rayonné en tous sens. J'ai traité cette question en examinant les théories anthropologiques d'Agassiz et de l'école américaine dans l'ouvrage déjà cité. — Le Chacal est originaire des mêmes régions.

reis ; et voilà comment s'est formé ce *monde des Chiens* dont notre catalogue avec ses 180 races ne retrace sans doute qu'une faible partie. Nous y avons inscrit, il est vrai, la plupart des races européennes, quelques races américaines, quelques autres dont ont parlé les voyageurs. Mais nous n'avons pu y placer celles que nous ne connaissons pas et qui certainement existent dans l'Asie à peu près entière, dans une grande partie de l'Amérique et de l'Afrique, en d'autres termes dans les quatre cinquièmes environ du monde habité. Nous n'avions pas non plus à nous inquiéter des races éteintes, et pourtant combien il en a péri sans doute depuis les temps des Védas, du Chou-King, du Zend-Avesta qui tous parlent du chien comme nos plus anciens livres sacrés !

Messieurs, toutes les espèces domestiques depuis le Cheval jusqu'au Porc, depuis le Coq jusqu'au Canard, avaient eu leurs expositions, et le public avait pu se familiariser avec les principales formes de chacune d'elles. En Angleterre, le Chien aussi avait eu les siennes, mais circonscrites aux races locales. En France, il attendait encore. Nous avons voulu réparer cette injustice, et la réparer largement en nous adressant à l'espèce entière. Sans doute en provoquant la réunion de toutes les races canines, nous n'espérions pas atteindre le but du premier coup. A l'innovation la mieux fondée, il faut du temps pour se faire accepter. Et pourtant, je ne crains pas de le dire, cette première tentative a été un vrai succès. — Si les races exotiques n'ont eu que de rares représentants dans nos chenils temporaires, l'Europe à peu près entière a répondu à notre appel. Comme toujours, l'Angleterre s'est montrée aux premiers rangs dans cette lutte pacifique; mais, comme toujours aussi, elle a rencontré dans la France une rivale digne d'elle ; et dans cette circonstance, comme en bien d'autres, notre patrie a su montrer à l'improviste des richesses qu'on ne lui soupçonnait pas, qu'elle ne connaissait pas elle-même (1).

Après une première expérience si complètement réussie,

(1) Je suis heureux de rendre ici justice à l'esprit de loyale franchise avec lequel les journaux anglais ont rendu compte de notre exposition.

était-il possible de s'arrêter? Évidemment, non. Aussi le Jardin d'acclimatation songe-t-il déjà à une exposition nouvelle ; et celle-là, nous en sommes aujourd'hui certains, n'aura plus rien à envier aux autres expositions d'animaux domestiques ; elle sera digne en tout de notre vieux et fidèle compagnon.

Messieurs, après vous avoir entretenus du chien, permettez-moi de reporter votre attention sur son maître lui-même, et de terminer par une réflexion générale.

L'Homme peut tirer, pour sa propre *histoire naturelle*, de grands enseignements de celle du Chien. En reconnaissant combien le Chacal a changé par le fait seul de la domestication et des influences variées du milieu, en contemplant les races si nombreuses et si diverses de cet *animal sauvage* devenu le *Chien domestique*, on arrive à comprendre bien plus aisément la nature vraie des rapports qui rapprochent les groupes des humains.

Vous avez vu sous nos hangars une partie des modifications de taille, de formes, de proportions, de couleur que peut présenter un même organisme animal. Comparez-les aux modifications analogues constatées chez l'Homme. A ne regarder que le corps, celui-ci n'est, *rigoureusement parlant*, qu'un Mammifère, supérieur par quelques points, inférieur par un bien plus grand nombre aux autres espèces de cette classe. En tout, il est régi par les mêmes lois physiologiques. — Eh bien! interrogez tous vos souvenirs, relisez tous les voyageurs, allez dans les galeries du Muséum consulter la collection anthropologique, et vous reconnaîtrez de plus en plus que chez lui les limites de variation n'atteignent jamais, — il s'en faut de beaucoup, — celles que vous pouvez constater ici.

En présence de ce fait inniable, on ne s'étonne plus de rencontrer à la surface du globe des Lapons et des Patagons, des Boschismen et des Esquimaux, des hommes blancs, jaunes, noirs, et de penser qu'ils ont tous les mêmes ancêtres. En démontrant l'unité d'espèce du Chien, la science démontre indirectement si l'on veut, mais de la façon la plus sûre, l'unité d'espèce de l'Homme. Elle donne ainsi à la notion fon-

damentale de la fraternité humaine la seule sanction que bien
des esprits acceptent de nos jours (1).

Envisagées à ce point de vue, les expositions d'animaux
domestiques, celles du Chien en particulier, ne sont plus
seulement une affaire de curiosité, de spéculation, d'utilité
matérielle. Elles n'intéressent pas seulement la zootechnie,
le commerce, l'agriculture. — Elles touchent à quelque chose
de plus élevé ; et, pour quiconque comprend et pense, elles
sont un grand enseignement à la fois scientifique et moral.

M. le Directeur du jardin prit ensuite la parole en ces termes :

Messieurs,

Avant de vous décerner les récompenses, je suis chargé par
les Conseils d'administration de la Société impériale d'acclimatation et de la Société du jardin d'offrir leurs remercîments
à Son Altesse le Prince Impérial, aux généreux donateurs qui
ont contribué à augmenter l'éclat et l'importance de cette
exposition, et à nos Dames Patronnesses, dont cette marque
d'intérêt est pour le Jardin d'acclimatation sa médaille d'honneur. Nous remercions MM. les exposants; venus de tous les
côtés, et souvent de lieux éloignés, ils ont compris la pensée
des deux Sociétés d'acclimatation, qui est de toujours et partout inspirer, encourager, propager le perfectionnement aussi
bien que l'introduction en France de toutes les espèces d'animaux utiles. Nous remercions MM. les membres des deux
commissions qui ont préparé et organisé l'exposition, et, par
leur zèle éclairé et infatigable, ont su en faire à la fois une
œuvre où la science et l'application pratique trouveront également à profiter. Nous remercions enfin MM. les membres du
jury qui ont décerné les récompenses, et dont l'impartialité et
l'honorabilité impriment à cette solennité un caractère particulier qui laissera dans la mémoire de tous ceux qui en auront
été les témoins un noble et durable souvenir.

(1) Je dois ajouter que les considérations tirées de la forme ne suffisent pas
pour la démonstration dont il s'agit ici. Il faut recourir encore à la physiologie ; c'est ce que j'ai cherché à faire dans l'ouvrage que j'ai cité plus haut.

RAPPORT

FAIT AU NOM DE LA PREMIÈRE SOUS-COMMISSION DU JURY,

Par M. PIERRE PICHOT.

(Séance du 5 juin 1863).

PREMIÈRE CATÉGORIE. — *Chiens d'utilité.*

Deux cent cinquante Chiens environ ont été exposés dans les différentes classes de cette première catégorie, et cependant il y avait des lacunes regrettables que nous signalerons en passant. Le jury a dû supprimer quelques prix là où ils n'avaient pas lieu d'être décernés, et il a reporté sur d'autres classes bien méritantes les sommes dont il a pu disposer. Il lui a semblé qu'en général les exposants avaient envoyé leurs Chiens au concours sans trop savoir quelle était leur race ou quels pouvaient être leurs mérites, ne s'étant jamais inquiétés de l'élevage de leurs animaux, et quand ils possédaient des types purs, c'était le plus souvent un effet du hasard. Sauf pour quelques Bull-dogs, il n'y avait pas de généalogie suivie, et le plus souvent il était impossible de remonter à la source d'où provenaient les animaux. Depuis l'introduction des concours agricoles, on a pu remarquer les progrès immenses faits dans l'élevage de nos animaux de ferme et de basse-cour : il est à espérer que cette exposition stimulera le zèle des amateurs de Chiens, et que l'on s'attachera dorénavant un peu plus à posséder des types purs et à les conserver.

Une des classes les plus nombreuses d'une exposition de Chiens française aurait certainement dû être celle des Chiens de berger, mais treize animaux seulement avaient été exposés. La variété qui comprenait le plus grand nombre d'individus était celle de ces Chiens de haute taille à oreilles droites, à poil noir et fauve, ayant toutes les formes du Loup, qu'ils sont destinés à combattre. Deux individus seulement représentaient la variété griffonne à forme de barbet, et un seul cette curieuse espèce de Chiens de berger, dont le poil demi-ras sur la tête et les épaules devient laineux sur le dos et sur la croupe, où il forme de grandes mèches tordues et bouclées de teinte brune. Encore ce Chien avait-il été tondu récemment, de sorte qu'il était impossible de le bien juger. A ce sujet, il est bon de dire qu'un grand nombre des Chiens n'avaient point été préparés à l'exposition et n'étaient aucunement *en état*, comme dans les expositions anglaises; les uns maigres et décharnés, les autres encore fatigués par leur saison de chasse, d'autres enfin tondus comme nous venons de le dire; or il est nécessaire de préparer un peu les Chiens à l'exposition pour mieux les faire valoir. On remarquait encore dans cette classe deux ou trois Chiens de toucheurs de bœufs à poil noir et rude, à la mine féroce, race particulière à notre pays; une variété de cette race naît sans queue ou du moins avec un appendice caudal des plus écourtés. Beaucoup de personnes croient que cette défectuosité est le résultat d'une opération chirurgicale, mais il n'en est rien, c'est une transmission héréditaire. Dans le temps où les Loups étaient plus nombreux qu'aujourd'hui, et où les Chiens de berger avaient des combats continuels à soutenir, afin de donner moins de prise à leurs adversaires, les bergers avaient l'habitude de couper la queue et les oreilles de leurs Chiens; c'est à la suite de mutilations successives dans la même famille que cette difformité est devenue héréditaire et que l'œuvre du Créateur a été ainsi petit à petit modifiée. Les étrangers se pressaient avec intérêt autour de ces Chiens de berger; et il faut espérer qu'à la prochaine exposition, les propriétaires de troupeaux engageront leurs bergers à envoyer au concours un plus grand nombre de leurs précieux auxiliaires.

La classe des Chiens de berger étrangers ne comptait qu'un seul individu remarquable de la race écossaise; c'est une fort jolie espèce, à longs poils soyeux, à oreilles droites, mais dont la pointe retombe légèrement en avant; leur taille est moins grande que celle des Chiens de berger français. Un Chien de Crimée exposé dans cette classe, et qui avait été pris dans les tranchées de Sébastopol, présentait des caractères assez particuliers, participant à la fois du Lévrier et du Chien des bazars de Constantinople, que l'on pouvait voir à côté de lui.

Immédiatement après les Chiens de berger venaient les Chiens de montagne, races qui, par leur forte taille, peuvent lutter avantageusement contre les Loups, et qui sont consacrés spécialement à la garde des troupeaux. Moins actifs et moins intelligents que les Chiens de berger, ils ont plus de poids et de force ; ce sont les gros bataillons qui remportent la victoire ! Il n'y en avait pas plus d'une vingtaine à l'exposition. Parmi ceux-ci, deux ou trois Pyrénéens ne pouvaient en rien donner l'idée des beaux Chiens de ces montagnes, et l'Auvergne, pays de troupeaux par excellence, n'avait rien envoyé. Nous avons aussi regretté l'absence des Chiens de la Camargue, belle variété qui disparaît tous les jours pour être remplacée par des Chiens sans race distincte et de plus petite taille ; mais il y avait quelques beaux Chiens des Alpes, et nous citerons en particulier Sultan, appartenant à M. Hébert, qui a sans peine, obtenu le premier prix ; puis deux Chiens de la campagne de Rome à tête fine et élégante, à oreilles de Lévrier, représentaient avantageusement la race des Abruzzes. Quant aux Chiens du Mont-Saint-Bernard, il n'y a pas à en parler ; tous les Chiens présentés sous ce nom n'avaient aucun des caractères de la race classique ; un seul portait le pelage officiel, mais par ses membres et la longueur de son corps, il était complétement défectueux.

Quoique représentée par un grand nombre d'individus, la classe des Terre-Neuve méritait peu d'attention ; c'étaient de beaux Chiens, il est vrai, mais croisés presque tous avec des Chiens de montagne ; en un mot, nous n'avons pas vu un seul beau sujet de la race des Terre-Neuve, blanche et noire ; les seuls qui présentèrent quelques signes de races étaient à pelage noir, et se rapprochaient de la petite race de Terre-Neuve noirs si commune en Angleterre, et dont le Chien de M. Kirgener de Planta, descendant du fameux Baltic, était un fort bon exemple ; cette petite variété est en effet la race originale ; c'est par des croisements avec des Chiens de montagne que l'on a obtenu les Terre-Neuve de grande taille si communs dans notre pays; et en effet, parmi les Chiens exposés, plus la taille augmentait et plus il y avait de blanc dans le pelage, plus les signes de race disparaissent. Le Terre-Neuve noir diamant, appartenant à M. Chaix, a réuni les suffrages unanimes.

Quant aux Chiens du Labrador du duc de Brunswick, nous n'avons jamais vu de plus beaux exemplaires de cette curieuse espèce; elle a les mêmes formes que le Terre-Neuve, mais son pelage est laineux et très-frisé, et d'une charmante couleur mélange de gris et de brun doré.

Nous avons peu de chose à dire des Dogues, dont un seul de la grande race de Bordeaux méritait une mention particulière. C'était là encore une classe mal représentée; les individus des races qui se trouvaient à l'exposition étaient en général fort médiocres, et il n'y avait aucun type de ces beaux Dogues anglais (*English mastiff*), couleur isabelle, avec le museau noir. Quelques Matins à poil noir et quatre grands Danois complétaient la liste des grands Chiens de garde. Nous avons été heureux de trouver ces quatre représentants d'une race qui devient de jour en jour plus rare, et l'on a tort cependant de la négliger; car elle joint à la force et à la beauté de formes un caractère doux et enjoué, ce qui n'est pas toujours le cas avec les autres Chiens de garde, trop souvent dangereux pour leurs propriétaires eux-mêmes. Parmi les quatre animaux exposés étaient deux types bien différents, l'un aux formes lourdes, épaisses, ayant les babines et tous les caractères de la tête du Dogue avec des yeux porcelaine; l'autre un peu plus petit de taille ayant la tête fine et allongée du Matin, les yeux bruns et le pelage marqué de grandes taches noires beaucoup plus grandes que dans l'autre variété. C'est un des animaux de ce dernier modèle, si souvent représenté dans les tableaux d'Oudry, et appartenant à M. Coupeux, qui a partagé le prix d'honneur de la catégorie des Chiens d'utilité avec le plus beau Chien de berger.

Pour terminer l'examen des Chiens de cette première catégorie, il nous reste à parler des Bull-dogs et des Terriers.

Il n'y a pas de Chiens contre lesquels on ait dit plus de mal
que les Bull-dogs, et cela bien à tort, car si leur caractère est
triste et morose, ils ont autant d'affection pour leur maître
que n'importe quel autre Chien, et leur intelligence est aussi
développée que celle de toute autre race. C'est d'ailleurs une
race pure chez laquelle on trouve toutes les qualités d'un
très-haut sang, et entre toutes une audace inouïe et un courage à toute épreuve ; c'est le zouave de la gent canine.
Aucun Chien n'endure aussi facilement que lui la fatigue,
et dans ses combats avec les Renards, les Blaireaux ou tout
autre adversaire, il semble insensible à la douleur ; en un
mot, rien ne le rebute ou ne le décourage. Le Bull-dog
est une création des Anglais, que les Chinois seuls ont sur-
passés dans l'art de modifier la conformation des animaux et
de les approprier à leurs besoins : le Bull-dog est une mâchoire vivante construite pour mordre et ne point lâcher ;
c'est cette disposition que l'on a le plus cherché à développer
en lui, et afin que l'animal, ayant une fois saisi sa proie, puisse
respirer à son aise ; on a fini par reporter le nez complétement
en arrière. Quelle encolure de taureau ! quels muscles pour
fixer cette tête puissante au reste de l'animal ! quelle largeur
de gueule ! et quel rempart de dents ! La poitrine est large et
profonde, le rein court et bien musclé, les membres fins, admirablement articulés, et le fouet tantôt d'une finesse extrême,
tantôt, par une de ces difformités héréditaires, réduit à un simple tronçon de vertèbres aplaties et déformées. Quelques amateurs tiennent beaucoup à cette particularité, mais nous avons
vu de très-beaux Bull-dogs qui ne la présentaient pas et qui
n'en étaient pas moins de bonne race. Or toutes ses qualités,
le Bull-dog les transmet à ses descendants ; et les Anglais
n'ont pas craint de mettre de son sang dans presque toutes
leurs races canines ; aussi, en dépit des ordonnances de la pré-
fecture, attachons-nous, comme étalon de force et de courage,
auquel on pourra toujours remonter sûrement, une grande
importance à la conservation de cette précieuse espèce, et
nous avons été aussi charmés qu'étonnés de voir les plus beaux
Bull-dogs de l'exposition présentés par des Français, voire

par des habitants de Paris ou des environs. Mais comme
en France les Bull-dogs sont surtout utiles pour des croisements excellents pour la chasse des Renards et des Blaireaux,
nous reprochons en général, à ceux de l'Exposition, leur taille
beaucoup trop grande, qui n'a plus sa raison d'être depuis
que le jeu barbare des combats de Taureaux a disparu des
mœurs anglaises, et pour lesquels surtout le Bull-dog avait été
façonné.

On peut faire les mêmes reproches à tous les Bull-terriers,
dont les membres étaient surtout beaucoup trop longs et
trop grêles ; le fouet était souvent aussi défectueux ; les deux
charmantes petites Chiennes de M. d'Onsenbray n'en ont été
que plus remarquées. Quant aux terriers proprement dits, il
n'y en avait que deux, et ce n'était certainement pas leur mérite qui avait pu éloigner les autres candidats. Quelle différence
avec les expositions anglaises, où la classe des Terriers est toujours une des plus nombreuses et des mieux représentées !

En résumé, quelque contente qu'ait pu être la première
sous-commission du jury des animaux exposés dans la première catégorie, il est à espérer qu'au prochain concours, les
Chiens d'utilité seront plus nombreux, qu'il viendra de
l'étranger plusieurs races locales qui faisaient défaut à la
présente exhibition, et que l'on s'attachera enfin davantage à
la conservation des types purs.

RAPPORT
SUR LES CHIENS COURANTS
Par M. le comte de LORGE.

(Séance du 5 juin 1863.)

La première exposition canine de France vient de se terminer le 11 mai, après avoir duré neuf jours ; n'étant pas chargé de parler de son ensemble, je me bornerai à constater qu'elle a réussi au delà de toute attente, et que l'affluence de monde qui s'est porté pendant ces quelques jours au Jardin du bois de Boulogne en est la meilleure preuve. J'entre maintenant de suite dans la question que je suis chargé de traiter : celle des Chiens courants dont je me suis spécialement occupé, et je commence par les Chiens en meute.

Je n'ai pas à parler de celles hors concours appartenant au Prince Napoléon, au duc de Beaufort et au comte d'Osmond ; toutes trois composées de Chiens purs anglais, et la dernière n'ayant pas fait encore ses preuves sous son propriétaire actuel qui vient de la composer tout récemment en Angleterre. La seule chose qui m'ait étonné, c'est de ne pas voir le duc de Beaufort tenir à l'uniformité du pelage, cela ne change rien à la qualité des Chiens, je le sais ; mais souvent, en France, c'est l'indice d'une race soignée et maintenue pure.

Nous n'avions au concours en fait de meute pure anglaise que celle de M. le vicomte de la Rochefoucault. L'équipage bien connu de la Gandinière présentait un fort bel ensemble de Chiens tricolores manteau noir ayant presque tous le même type et la même construction, ce qui me semble très-difficile à obtenir lorsque l'on se remonte en Angleterre.

Si nous parlons maintenant des Chiens purs français, nous devons mettre en première ligne la meute gascon-saintonge de M. de Carayon la Tour, race qu'il a formée en croisant les gascons purs de M. de Rubble avec les saintongeois venant de M. de Saint-Légier. A force de soins et de persévérance il est

arrivé à un magnifique résultat. J'oubliais de dire que dans le
sang des Chiens de M. de Carayon, il en entre aussi un peu
des Chiens, dits Chiens de Bordeaux, race qui avait beaucoup
d'affinité avec les races de Gascogne et de Saintonge, et qui
très-probablement en était déjà une descendance. Je ne m'é-
tendrai pas sur ce sujet et je renverrai pour plus amples
détails à la troisième page du *Sport* du 6 mai courant, ou au
Stud-boock de M. de Carayon.

Les Chiens sont grands, forts et légers à l'œil, un peu longs
peut-être et semblant manquer de souplesse ; tous marqués
blanc et noir, l'oreille vrillée et le museau allongé ; la cuisse
plutôt plate et descendue et la patte de lièvre. Je ne les ai
jamais vus chasser et ne puis en parler que par ouï-dire ; ils ont,
dit-on, du fond, beaucoup même, et sont parfaitement collés à
la voie ; mais ils ne chargent pas, ne rallient pas aussi facilement que des bâtards et ne doivent pas avoir leur vitesse.

En ferait-on aussi aisément des Chiens de change, j'en
doute, mais cette épreuve n'a pas été tentée, je crois,
dans des forêts assez vives, pour que l'on ait une certitude à
cet égard. Pour moi, comme pour tous ceux qui chassent de
meute à mort dans le nord, l'est et l'ouest de la France, je
crois pouvoir dire que le grand mérite des Chiens de Virelade,
qui peuvent, du reste, être parfaits pour leur pays, consiste
dans la pureté de leur origine française et dans leur valeur
comme souche. C'est de là, à mon avis, qu'il serait désirable
de voir sortir lices et étalons pour les divers croisements de
nos meutes de bâtards.

Après les Saintongeois, viennent les Vendéens de M. Lecou-
teulx de Canteleu. Le Griffon vendéen a des qualités, surtout
comme Chien de loup, qu'il chasse de passion ; il est mor-
dant, cognant beaucoup ; mais il pèche en général par la
tenue et retraite moins gaiement que les anglais et les bâtards.

M. Frossard de la Nièvre a aussi dans sa meute des vendéens
purs et des croisés normands. Son étalon griffon de Vendée
nommé *Flambeau*, qui jouit d'une grande réputation dans la
Nièvre, est, dans sa race, le type le plus remarquable de l'exposition.

L'équipage de M. Desvignes, qui l'a formé en Anjou sur les confins de la Sarthe, et dont les succès dans la forêt de Chantilly ont fait sensation parmi les chasseurs à courre de France, n'a pas, du côté français, de type bien accusé ; il est remarquable par sa couleur, qui rappelle dans tous ses élèves, celle de l'étalon favori du maître, Monthabor. M. Desvignes est arrivé présentement à avoir un équipage dont le type fort accusé en lui-même, ne ressemble à aucun autre ; il est tenu avec une rare perfection et chasse avec une docilité et une sagesse bien difficiles à obtenir. Deux étalons anglais, qui n'ont pas été présentés au concours sont très-remarquables, et témoignent du soin que met le propriétaire à choisir ses reproducteurs.

Les Chiens bâtards de M. de Chezelles, qui ont aussi à enregistrer dans leurs annales de nombreux succès, sont fort beaux et se rapprochent encore plus de l'Anglais que ceux de M. Desvignes. Grands, très-courts de reins, extrêmement musclés, ils doivent être très-durs à la fatigue et d'une vigueur hors ligne.

Nous arrivons maintenant en plein Boccage et en plein Poitou, chez M. Majou de la Debuterie, comme chez MM. de la Besges. Tous les chasseurs de l'ouest savent à quoi s'en tenir sur maîtres et Chiens. Ces deux équipages sont croisés anglais Saintonge et haut Poitou ; seulement celui de M. de la Debuterie rappelle plus du Saintonge comme type général, et celui de MM. de la Besges plus du haut Poitou. Depuis des années M. Majou conserve et améliore sa race en y remettant de temps en temps et du sang pur anglais et du sang pur français ; depuis quelques années surtout, il s'est appliqué à tirer race des lices, dont le type se rapproche le plus du Saintonge. Aussi dans sa meute le noir et blanc domine, et les têtes sont plus fines et allongées. Dans la race de Persac (race de MM. de la Besges), qui remonte à 1824 et plus haut même, et qui appartenait alors à MM. de Villars et de la Guéronnière, il n'y avait d'abord que du haut Poitou ; on y a mêlé plus tard un peu de Saintonge et d'Anglais, et l'on est arrivé par ces croisements réunis aux beaux Chiens tricolores, fils de père et mère bâtards eux-mêmes, que nous avons vus dans l'équipage de MM. de la Besges. La race de Persac est la souche de la race anglo-poitevine, qui est maintenant entre les mains de plusieurs chasseurs et éleveurs du Poitou.

Les Chiens de M. de la Debuterie et ceux de MM. de la Besges, que je rapproche ici avec intention, parce que leur conformation est à peu de chose près la même, sont de grands Chiens à museaux plutôt pointus que carrés, ayant la patte plus longue et plus serrée, la cuisse moins ronde que l'Anglais par, mais lui tenant généralement tête et le battant même souvent à l'ajonc et dans les grandes bruyères ; ils sont ardents, mais cependant très-aptes à garder le change et deviennent généralement sûrs après une saison de chasse.

Les bâtards anglo-saintongeois de M. Duchatel, qui chassent surtout, je crois, le lièvre, offrent aussi de beaux types, c'est un très-satisfaisant résultat, lorsque l'on pense qu'il n'y a que peu de temps que le jeune maître d'équipage a commencé d'élever chez lui.

Parmi les Chiens exposés seuls, il n'y avait qu'un Chien anglais à M. Desvignes, son étalon, Monthabor, dont le pelage fauve rappelle tout à fait celui du Blood-hound ; ce Chien est remarquable par sa force et son rein. Irréprochable dans son arrière-train, il est peut-être un peu chargé dans son devant ; en somme, c'est un superbe étalon et qui a fait ses preuves. Viennent ensuite deux Chiens gascons purs à M. de Rubble. Cette race bleue et noire sans une tache blanche est à peu près inconnue dans le nord, du moins je ne l'avais jamais rencontrée ; elle a tout le type Français du midi et marche de pair avec le Saintonge pur qui, du reste, n'était pas représenté. A côté des Chiens de M. de Rubble, se trouvaient les Gascons de M. de Bon ; ces Chiens chassant dans le Gers, m'a-t-on dit, étaient intitulés *Chiens de l'Ariége*. Ils ont, comme les races pures méridionales, l'oreille vrillée et le nez long, et plutôt busqué. Dans les trois ou quatre Chiens donnés comme Français qui venaient à sa suite, j'ai surtout remarqué un limier de la race vendéenne à poils ras, blanc et orangé ; c'est un fort bel animal et le seul pur de sa race que j'ai remarqué à l'exposition ; il appartient à M. de La Ferrière qui, depuis un an dirige avec succès l'équipage de Rallie-Bourgogne.

Je ne dirai qu'un mot sur les autres Chiens d'équipage ; pourtant je citerai encore deux Chiens normands, soi-disant purs, et qui m'ont fait regretter l'absence de concurrents ; puis une magnifique Chienne à M. Flour qui, malgré un peu de sang normand ou peut-être à cause de cela même, est certainement la plus jolie lice artésienne que j'aie encore vue ; quant aux Chiens bâtards de MM. des Cars, Couteau et Jacquot, fort beaux assurément, ce sont tous, avec un peu plus ou un peu moins de sang saintonge, des bâtards anglo-poitevins provenant ou se rapprochant de la race de MM. de la Besges. Ce que l'on peut remarquer, toutefois, c'est que de tous les pays, c'est le Poitou qui a mis le plus d'empressement à se rendre à l'appel et a montré le plus de types différents et tous beaux dans une race parfaitement confirmée, en ce sens que l'on connaît les croisements à faire, que les lices et les étalons se trouvent en cherchant bien, et que le résultat est certain avec du tact et de l'entente.

Nous avons été assez mal partagés pour les Briquets. Il n'y en avait que trois, une Griffonne de race bretonne et deux Griffons que je soupçonne d'origine vendéenne. Maintenant, du reste, le Briquet existe un peu partout ; croisé en tout sens, si je puis ainsi m'exprimer. Il y a pourtant des Briquets fauves ou noirs et feu à poil ras qui auraient mérité de paraître ; il y avait donc positivement là une lacune regrettable.

Pour les Beagles, ils étaient en nombre et charmants. Tout le monde connaît ces ravissants petits Chiens tricolores. Rappelant en miniature le Chien d'ordre et chassant tout avec entrain, même le Sanglier et le Loup. M. Baker en avait cinq couples qui auraient pu faire un charmant équipage prêt à entrer en chasse à la saison prochaine ; j'ai remarqué aussi une petite Chienne très-couverte à M. Le Coulteux, un peu plus grande que ne le sont les Beagles d'ordinaire ; mais très-jolie de formes.

Il ne me reste maintenant à parler que des Bassets ; la réunion, ce me semble, ne laissait rien à désirer. Je citerai en première ligne deux petits Griffons à poils durs et jambes torses, d'origine anglaise évidemment. Un de ces gros Griffons jambes torses qui chassent tout, voire le Loup, et cela seuls au besoin, quitte à en être croqués, et une paire de Bassets, poils ras, remarquables surtout par leur couleur mouchetée fauve et blanc absolument comme le corsage d'un daim.

En finissant ce petit aperçu, bien incomplet, je le sens, eu égard à l'importance du sujet pour les gens spéciaux, il me reste à regretter de n'avoir pu parler des bâtards anglo-normands. Je les ai vus chez eux et ailleurs, je les ai admirés à l'œuvre, et j'eusse aimé à faire leur éloge; c'est aussi une race confirmée et qui a de grandes qualités. Nous n'avons pas vu non plus de Chiens ardennais, race très-entreprenante et très-dure à la fatigue, ni de Harriers et Double-Harriers ; ce sont des lacunes que je signale en passant ; il y en a peut-être encore d'autres. Espérons que si une nouvelle exposition s'organise, comme le laissait pressentir le président du comité, M. de Quatrefages, dans son discours de clôture, nous verrons auprès de celles déjà connues, paraître de nouvelles races, qui nous mettront à même de continuer le cours si intéressant au point de vue cynégétique, que nous avons commencé ces jours derniers au Jardin d'acclimatation du bois de Boulogne.

RAPPORT

SUR LA TROISIÈME CATÉGORIE,

Par M. le vicomte d'ORGLANDES.

La 3° catégorie comprenant les Chiens d'arrêt n'était pas la moins intéressante du Concours, car les chasseurs à tir sont nombreux, peut-être trop nombreux en France, et ils savent combien importe pour la satisfaction de leur goût, je dirai presque de leur passion, la possession d'un chien véritablement bon et digne d'être leur compagnon et leur ami.

Cette catégorie a été divisée en six classes et plusieurs sous-classes que nous allons successivement passer en revue.

La commission a éprouvé tout d'abord une certaine difficulté dans la classification des chiens appartenant à la classe des Braques français et à celle des Braques anglais (Pointers), la 18° et la 19° du Catalogue général. En effet, un grand nombre d'individus ont été présentés et désignés par leurs propriétaires pour la 18° classe (Braques français), parce qu'ils ont été élevés en France et quoique issus d'un sang anglais plus ou moins pur. Fallait-il accepter ces déclarations sans contrôle? La commission ne l'a pas pensé, et elle n'a admis dans la classe des Braques français que les sujets offrant les caractères de nos anciennes races indigènes. En effet, comment, par exemple, eût-on pu comparer des animaux aussi différents que ces Braques à deux nez ou à queue courte, et ces Chiens de Saint-Germain, dont l'importation anglaise remonte aux premières années de la Restauration, et dont plusieurs sujets représentent encore un des types les plus estimés chez nos voisins? Ainsi réduite cette classe des Braques français ne nous a plus offert que peu d'individus et peu surtout dignes des récompenses proposées. Nous l'avons regretté, car cette race est la plus généralement appropriée à nos besoins. En effet, dans nos héritages morcelés, dans nos cultures découpées en bandes et dans nos plaines rases, les grandes et nobles allures du Pointer, qui procurent de si grandes jouissances au sportman dans les vastes couverts et dans les pays clos de haies, deviennent un inconvénient, et le chien chassant sous le fusil peut seul satisfaire son maître et s'entendre avec lui. Nous faisons des vœux pour que les chasseurs, comprenant ce besoin, recherchent les types purs qui nous restent, et reconstituent cette utile tribu des Braques français. Parmi eux les Braques Dupuy, qui tirent leur nom des propriétaires qui les ont propagés en Poitou et portés en haute estime, nous semblent mériter un intérêt particulier, en ce qu'ils paraissent présenter les qualités du Pointer anglais, pliées au besoin de la France. C'est à un représentant de cette famille que le jury a décerné le 1er prix.

La 19e classe, Braques anglais (Pointers), comprenait un grand nombre de concurrents, et a mérité un long et sérieux examen. Le 1er prix, *Ranger*, à M. Newton, lauréat de plusieurs concours en Angleterre, est un sujet d'élite de ce type à grande quête et à structure noble et résistante que son nom désigne. Le magnifique couple marron, moucheté de blanc, appartenant à M. Caillard, ne pouvait descendre plus bas que le second rang ; mais les deux premiers nommés, le choix est resté encore difficile entre des rivaux d'un mérite à peu près égal. Plusieurs sujets de l'espèce de Saint-Germain ont remporté des récompenses, mais nous avons cru remarquer dans l'ensemble de cette famille très-représentée des signes de dégénérescence, et nous croyons qu'elle gagnerait à être retrempée par le sang anglais, tel que le 6e prix appartenant à M. le comte de Biencourt.

Le jury n'a pu décerner, dans la 21e classe, qu'un seul prix à un Épagneul d'espèce française, les autres sujets n'offrant aucun type accusé et portant la trace des croisements les plus variés. Dans la sous-classe des Épagneuls anglais (Setters), au contraire, il a rencontré les plus beaux spécimens. Le couple blanc orangé, appartenant à M. Caillard, a enlevé tous les suffrages, l'expression de la tête, la richesse de ses robes soyeuses, l'harmonie des formes, lui a valu, en outre du 1er prix, la grande médaille d'honneur de la 3e catégorie. Le 2e et le 3e prix, tous deux de la variété noire marquée de feu

(Gordon), approchaient de bien près des premiers. Les Setters rouges irlandais étaient mal représentés, et ils n'ont pas obtenu de récompenses.

La 22ᵉ classe était destinée à ces petits Épagneuls, peu connus en France, que les Anglais emploient, à l'exclusion des Chiens d'arrêt, pour la chasse au bois, et dont ils se servent à la manière de choupilles ; 5 individus seulement étaient exposés ; un 1ᵉʳ prix a été décerné à un couple de la variété Cockers, appartenant à M. Heath, et un 2ᵉ prix au seul individu exposé de la variété Clumbers, à M. de la Roche-Tulon.

Les Retrievers (1), formant la 23ᵉ classe, très en vogue chez nos voisins, ne pourront jamais être chez nous d'une utilité très-générale ; cependant ils ont excité un certain intérêt, et des amateurs voulant en faire l'essai dans les battues ou dans les réserves giboyeuses où le Chien d'arrêt n'est souvent que nuisible, ont retenu la plupart des sujets exposés par M. Riley, qui a obtenu les deux premiers prix sur trois décernés.

La 24ᵉ classe comprenait les Barbets et Griffons d'arrêt. Ces derniers ont attiré l'attention générale : leur haute réputation, principalement pour les marais, fait regretter qu'ils soient si rares, et les nombreuses demandes qui en ont été faites à l'Exposition, même par des étrangers, nous font espérer qu'on les recherchera et qu'on les multipliera en conservant l'espèce dans toute sa pureté. Le 1ᵉʳ prix, le seul sujet à poil rude, a paru un type particulièrement précieux, parce qu'il est également propre à la chasse au marais et en plaine, notamment dans les pays épineux, et qu'il joint à ces avantages une constitution robuste.

Les Barbets ou Caniches avaient été joints à cette classe ; ils sortent de notre spécialité des Chiens de chasse, mais leur réputation est faite et nous n'avons pas à vanter leurs qualités ; il nous suffira de dire que la plupart ont satisfait les amateurs par leur physionomie parlante et la finesse de leur toison.

---

(1) Chiens servant uniquement à rapporter le gibier, et dont on a formé l'espèce par le croisement du Chien de Terre-Neuve et de l'Épagneul.

SUR

L'EXPOSITION INTERNATIONALE DES CHIENS

AU JARDIN D'ACCLIMATATION DU BOIS DE BOULOGNE,

EN 1863.

Par M. L. LEBLANC.

(Séance du 5 juin 1863.)

La grande idée qui a présidé à la fondation de la Société zoologique d'acclimatation a marché à pas de géant. L'impulsion donnée par l'illustre Isidore Geoffroy Saint-Hilaire a été si puissante que, malgré l'immense perte qu'a faite la la science et le monde tout entier par la mort du fondateur, l'institution a pu continuer sa destinée avec un grand succès.

L'un des résultats les plus manifestes de l'idée a été la création du Jardin d'acclimatation du bois de Boulogne, qui a tant contribué à vivifier cette idée en parlant aux yeux d'innombrables visiteurs qui, de simples curieux, d'abord, ont dû devenir des imitateurs et même des chercheurs. Pour cela, ils ont été dans la nécessité d'étudier, afin de connaître l'importance réelle des divers objets qui avaient frappé leurs yeux à leurs premières visites.

Il est facile de comprendre quelles ont dû être les jouissances sérieuses de ceux qui ont désiré se rendre raison du choix dans la collection d'animaux et de végétaux, calculée et intelligente, qui se trouve au jardin d'acclimatation. Là, tout a sa raison d'être, rien n'est sacrifié à la curiosité pure et simple ; ce n'est pas un spectacle, c'est un lieu d'études, mais d'études attrayantes, qui font qu'on en garde un souvenir durable et agréable. Ce souvenir est un stimulant qui fait naître les occasions dans des circonstances où ces occasions ne se seraient pas présentées d'elles-mêmes. Combien de fois des personnes qui ignoraient l'existence d'un animal ou d'un végétal *utile*, ou d'un perfectionnement quelconque dans des races d'animaux ou de végétaux qu'elles connaissaient déjà, sont sorties du jardin d'acclimatation avec la résolution de multiplier, et d'améliorer même, les *spécimens* qu'elles avaient rencontrés sur leur passage.

Dans les conditions ordinaires du jardin d'acclimatation, les visiteurs ne peuvent guère trouver réunis qu'un petit nombre d'individus de chaque espèce ou de chaque race ; aussi a-t-on eu l'excellente idée d'appeler de temps en temps à concourir le plus de possesseurs possible d'animaux d'une catégorie déterminée, c'est-à-dire d'organiser des *expositions* où toutes les races et les variétés d'une même espèce sont représentées et peuvent être examinées.

Dans ces expositions la comparaison facile entre les diverses races est une condition très-avantageuse pour l'étude et pour la propagation des animaux les mieux appropriés à l'usage auxquels on les destine. Le goût et les connaissances s'acquièrent par la vue et par l'examen des plus beaux types assemblés et venus de tous les pays. La curiosité, qui a été souvent le premier mobile de la visite, se transforme en un véritable intérêt qui ne tarde pas, à son tour, à provoquer des questions de la part d'un assez grand nombre de personnes sur mille sujets relatifs à ce qui constitue les *qualités* respectives des animaux exposés. Chacun cause avec son voisin ; il y a ainsi un échange de notions, de renseignements, de démonstrations même, qui constituent un commencement d'une véritable instruction, que l'on ne tarde pas à chercher à compléter ensuite en étudiant à loisir, et il arrive ainsi que le vrai mérite d'un animal peut être apprécié par un très-grand nombre de personnes qui, auparavant, n'agissaient que selon leur fantaisie.

Pendant l'exposition des Chiens qui vient d'avoir lieu au jardin d'acclimatation, j'ai eu bien souvent l'occasion de confirmer l'exactitude des remarques que je viens de faire. Je suis convaincu que là tout le monde a appris quelque chose, les savants comme les gens pratiques, comme les amateurs. Que d'enseignements ont pu y être recueillis, soit *de visu*, soit par la conversation ! Quel vaste champ d'observation ! Les anatomistes, les physiologistes, les zootechniciens, les naturalistes, ont dû utiliser cette remarquable réunion. Les simples amateurs qui ont entendu les discours prononcés avant la distribution des prix ont pu apprécier de quel secours est la science dans toutes les questions d'acclimatation et de perfectionnement.

Voici, pour mon compte quel a été le résultat de mes investigations.

Quoique, d'après la classification adoptée par les organisateurs de l'exposition, il y eût une catégorie assez limitée, spécialement consacrée aux *Chiens d'utilité*, on peut cependant encore dire que presque toutes les races qui ont été représentées ont leur raison d'être plus ou moins bien justifiée par l'usage que l'homme veut en faire au point de vue, soit de ses intérêts, soit de sa satisfaction et de ses jouissances diverses. Aider l'homme à s'emparer du gibier, à détruire les animaux nuisibles, à se distraire dans maintes et maintes circonstances, c'est encore lui être *utile*. Demandez aux gens qui ont le plus d'esprit et qui ont, par conséquent, tant de ressources pour passer leurs jours agréablement, demandez-leur s'ils dédaignent le plaisir, la vraie jouissance de posséder un chien qui les aime, et les chiens aiment tous leurs maîtres qui leur en manifestent le désir. Toutes les races de chiens ont donc leur utilité, à différents degrés cependant.

Je vais dire de suite, à cette occasion, que depuis que les combats entre Chiens, ou entre Chiens et d'autres animaux, ne sont plus, à juste raison, dans nos mœurs, grâce à la *Société protectrice des animaux*, qui justifie de plus en plus, chaque jour, sa devise : *justice et compassion, hygiène et morale* ; depuis que cette horrible distraction est défendue par une loi, je ne conçois pas la propagation de la race Bull-dog, à physionomie hideuse et à caractère cruel ; son courage, presque toute sa puissance, et non sa cruauté, se trouvent dans le Bull-terrier qui, lui, a réellement sa raison d'être pour les services qu'il peut rendre, services dans lesquels il peut toujours remplacer le Bull-dog, surtout si l'on augmente un peu le développement de son système osseux et de son système musculaire par des appareillements bien entendus.

A propos de modifications à obtenir dans les races de Chiens, je ferai remarquer que rien n'est aussi facile; on peut, pour ainsi dire, fabriquer des variétés dans ces races par des croisements. Ce qui arrive tous les jours accidentellement le prouve bien. C'est précisément en raison de la fréquence des circonstances accidentelles d'accouplement qu'il est si rare que les races puissent se conserver dans leur état de pureté, et, ce qu'il y a de plus fâcheux, c'est que la femelle, qui a été mésalliée une fois, et, à plus forte raison, plusieurs fois, se trouve imprégnée de la faculté de transmettre aux petits qu'elle aura plus tard avec d'autres Chiens, des caractères du mâle avec lequel la mésalliance a eu lieu. Il faut donc apporter beaucoup de soin et beaucoup de surveillance, afin d'éviter les mésalliances.

Il faut aussi, si l'on veut arriver à obtenir les meilleurs résultats dans le perfectionnement et la fixité d'une race, éviter de faire couvrir la même femelle par plusieurs Chiens à quelques jours de distance, quand même les Chiens appartiendraient à la même race, afin de prévenir les superfétations qui sont si fréquentes et qui, non-seulement, troublent les fonctions de la gestation, mais ont de l'influence sur la pureté de la progéniture.

Dans la formation des races ou des variétés de Chiens, il y a des règles à observer, et, pour bien réussir, il y a surtout à savoir prendre en grande considération l'organisation, la constitution des animaux et leurs aptitudes diverses. Il ne faut jamais choisir chez le mâle et chez la femelle des conditions trop opposées; il faut n'arriver que successivement aux modifications que l'on veut obtenir.

On a trop exagéré dans ces derniers temps l'influence pernicieuse, ou tout au moins défavorable, de la consanguinité, alors que, du reste, les parents sont en bonne santé et ont une bonne constitution. Ces derniers avantages, qui sont immenses, se transmettent par hérédité comme les dispositions maladives et les organisations vicieuses, quel que soit le degré de consanguinité.

Le Chien ne se modifie que très-lentement par les influences climatériques ; on peut donc à peu près, dans tous les pays, propager les races que l'on transporte d'une contrée dans une autre contrée, surtout quand on les maintient à l'état de domesticité. L'éducation, la manière de vivre au physique et au moral sont des modifications bien plus manifestes que l'action du climat, qu'il faut cependant prendre en considération. Les règles admises, pour bien les appliquer, il y a de véritables difficultés à vaincre ; ces difficultés consistent dans le choix d'animaux à accoupler. Ce choix doit être éclairé par des connaissances très-complexes, très-variées ; rien n'est à négliger : les qualités morales comme les qualités physiques sont très-importantes à connaître ; la généalogie doit être prise en grande considération ; on doit toujours avoir présent à l'esprit les aptitudes diverses que l'on veut donner aux animaux qui seront le fruit de l'accouplement, et ces aptitudes doivent être aussi nombreuses que les usages auxquels on emploie le chien, c'est-à-dire excessivement multipliées. Si l'éducation, comme on le dit, peut obvier quelquefois à des aptitudes natives, pour obtenir un résultat désiré, il n'en est pas moins incomparablement plus avantageux et plus rationnel de chercher à faire naître des animaux qui aient ces aptitudes.

Quoique ce problème soit difficile à résoudre, il est arrivé souvent qu'il a été résolu. Les personnes qui se sont spécialement occupées de Chiens de toutes races pouvaient en témoigner depuis longtemps ; l'exposition du mois de mai est venue le démontrer de nouveau.

Si tous les cadres tracés par la commission de l'exposition n'ont pas été remplis par des *spécimens*, il y a eu assez de types de races ou de variétés de races pour prouver jusqu'où pouvait aller la puissance et le savoir-faire de l'homme, relativement aux modifications que peut subir l'espèce canine, et cela selon le besoin ou la fantaisie.

Quoique j'aie dit tout à l'heure que (toutes) les variétés de chiens pouvaient être considérées comme ayant chacune leur degré d'utilité, il n'y a pas moins lieu de faire deux grandes catégories parmi toutes ces variétés. Et, si l'on voulait con-

server à l'une de ces catégories un titre déjà adopté : Chiens
d'utilité, je rangerais sous ce titre un très-grand nombre
de races et de variétés. Les Chiens de fantaisie consti-
tueraient seuls la seconde catégorie, qui serait ainsi très-li-
mitée dans le nombre de ses sous-divisions.

Le genre d'utilisation serait la base des divisions et sous-
divisions de la première catégorie.

Parmi les Chiens d'utilité, j'aurais trouvé à l'exposition :

*Les Chiens de berger, les Chiens propres à la conduite des
troupeaux en général, les Chiens servant à la défense de
l'homme, Chiens de garde proprement dits, et les Chiens de
chasse.*

Dans ces principaux groupes, il y avait des races bien con-
formées, distinctes, et des variétés dérivées de ces races.

Les *Chiens de berger* français y étaient bien représentés ;
il y avait de très-beaux types, admirablement constitués pour
l'usage auquel ils sont destinés, n'ayant pas trop de taille,
pas trop de longueur et bien membrés, conditions qui leur
donnent de l'agilité et leur permettent d'agir longtemps sans
se fatiguer.

Il y avait dans ce groupe, comme dans presque tous les
autres, du reste, beaucoup plus de mâles que de femelles
(10 sur 3). Les Chiens de berger étrangers n'étaient qu'au
nombre de trois (3 mâles) ; nos races n'avaient rien à leur
envier.

Nos chiens de berger, dits de Brie, sont propres à la conduite de toutes sortes de troupeaux, aussi bien des troupeaux
de bœufs ou de vaches que des troupeaux de moutons. Ils
seraient désavantageusement remplacés dans les pays plats
par les races de berger des montagnes, qui sont plus gros,
plus lents et ont moins d'activité, tandis qu'ils pourraient
très-bien être substitués dans tous les cas aux chiens de montagnes qui sont plutôt propres à la garde des troupeaux qu'à
leur conduite.

Les Chiens de garde proprement dits étaient en très-grande
quantité (58 mâles et 9 femelles). Ce groupe était formé de
races et de variétés très-diverses, parmi lesquelles on pou-

vait distinguer les Chiens mâtins, les Chiens de montagne, ceux des Pyrénées et ceux des Alpes, les Chiens de Terre-Neuve, les Chiens du Labrador, les Chiens des Abruzzes, et l'on aurait pu ajouter les Chiens dogues, et même les Bull-dogs et les Bull-terriers. On peut distinguer chez ces Chiens qui, tous, ont une certaine analogie dans leur conformation, en général, et qui sont tous de taille plus ou moins grande, les Chiens qui ont le poil très-long, ceux qui l'ont de moyenne longueur et ceux qui l'ont court. En général, les races à poil très-long sont moins bien construites et moins bien constituées, elles sont moins agiles, moins actives, moins résistantes à la fatigue. La préférence qu'on leur accorde presque toujours, quand on veut avoir un Chien de garde d'habitation, n'est pas rationnelle au point de vue de l'utilité ; elle ne peut s'expliquer que par l'attrait que présente la robe à laquelle la fantaisie sacrifie alors les qualités de l'animal.

C'est dans ce nombreux groupe de Chiens que, dans les pays tempérés, on prend quelquefois des animaux pour les utiliser au trait ou à d'autres genres de travaux, comme force motrice. Quelques personnes, et notamment des membres de la Société protectrice, se sont fortement élevées contre ce mode d'utilisation, en donnant diverses motifs qui ne m'ont pas paru fondés d'une manière absolue ; elles consultaient plutôt leur vif amour pour le chien que la froide raison. Les moins irraisonnables disaient que l'organisation du Chien n'était pas disposée pour le travail au trait, d'autres invoquaient purement et simplement les facultés instinctives et presque intelligentes du chien, et disaient qu'un pareil animal ne pouvait subir le sort d'un animal de trait, sort qui devait être réservé à des êtres moins dignes de compassion, d'amitié et d'attachement.

J'ai combattu ces idées dans un rapport que j'ai fait à la Société protectrice de Paris en 1855 ; j'ai cherché à faire comprendre qu'elles n'avaient pour mobile que de la sensiblerie. J'ai soutenu que, dans des circonstances données, il était très-raisonnable d'utiliser le Chien, soit comme animal de trait, ou comme bête de somme, ou encore comme forme motrice de quelques mécaniques.

Voici ce que je disais :

« La Société protectrice s'est préoccupée, avec juste raison, du sort de tous les animaux.

» Parmi les animaux domestiques, le chien est peut-être celui qui a le plus de droit à notre sollicitude. Telle est la profession de foi de la Commission, et la mienne en particulier. C'est de ce point de vue que nous avons étudié la question qui nous a été renvoyée.

» Il est évident que si nous avions considéré le chien indépendamment de l'homme, nous aurions été d'avis de le bien nourrir, de le bien loger, de le caresser souvent et de ne pas le faire travailler. Mais nous partons de ce principe, que, comme les autres animaux que l'homme a asservis à son usage, nous pouvons l'utiliser le plus et le mieux possible, en nous conformant, bien entendu, aux règles de conduite à tenir envers les animaux en général.

» Or est-ce contrevenir à la loi de 1850 ; est-ce maltraiter un chien fort, robuste ; est-ce le faire souffrir, même, en quoi que ce soit, que de lui faire traîner un fardeau en rapport avec la puissance qu'il peut raisonnablement fournir? Nous répondrons : évidemment non. Voyez plutôt ces beaux chiens, si bien en chair, aux muscles fermes, si dispos, choyés comme des enfants, et malheureusement quelquefois plus que des enfants, qui traînent lestement des charges proportionnées à leur force et à leur taille. Il n'y a peut-être pas d'animaux de leur espèce qui soient plus heureux et qui conservent mieux leur santé. Jamais de privation de nourriture, comme cela arrive pour le chien du pauvre, quand il ne l'aide pas dans son travail; comme cela arrive aussi chez les musulmans, qui adorent presque leurs chiens, mais qui les laissent mourir de faim en les abandonnant dans les rues. Jamais de fatigue excessive, comme chez le chien de chasse, qui est, en outre, souvent exposé à de rudes corrections, à des coups de feu, à des éventrations même, etc., etc. ; jamais de cette inaction qui amène l'obésité morbide des chiens de salon, et qui les prive de l'un de leurs plus grands plaisirs, l'exercice en plein air. Point de cette prison cellulaire très-laborieuse, presque perpétuelle, du chien qui s'agite toute la journée dans la roue d'un atelier de cloutier ou de coutelier.

» Préféreriez-vous voir marcher librement un gros et fort chien à côté d'une pauvre femme lourdement chargée, ou traînant elle-même une charrette pesante, dont la traction aurait pu être répartie entre elle et l'animal qu'elle nourrit pour le garder seulement dans sa demeure, ou pour le distraire? Ce que je viens de dire pour la femme pauvre, obligée d'effectuer des transports, et qui n'a pas le moyen d'acheter un animal de trait proprement dit, s'applique aussi à l'homme pauvre, faible ou malade. N'avons-nous pas, tous les jours, sous les yeux de pareils spectacles : des hommes et des femmes attelés à des charrettes et suant à grosses gouttes?

» On a répété que l'organisation du chien n'était pas convenablement disposée pour le trait; on aurait dû dire seulement qu'elle n'était pas *la mieux* disposée, quand on la comparait à celle du cheval ou du bœuf. En effet, les articulations du chien sont plus mobiles, et ses membres se terminent par des doigts multiples et très-flexibles : disposition qui fait perdre à cet animal une plus forte partie de la puissance musculaire qu'au cheval, dont la région digitée exécute des mouvements moins étendus. Mais que de forces donne encore le chien convenablement harnaché, attelé avec intelligence à des voitures assez basses pour que la puissance agisse dans la direction des limons, et que la force représentée par cette puissance ne soit pas décomposée et perdue en partie pour le déplacement du fardeau ! Les muscles du chien sont très-puissants, sa colonne vertébrale est le plus ordinairement rectiligne et quelquefois un peu recourbée en haut; son bassin est presque horizontal, son poitrail est large, très-musclé : toutes conditions favorables à la traction. Puis, quelle agilité, quelle souplesse dans ses mouvements, autres conditions qui permettent très-facilement de varier la direction du véhicule, quand un obstacle se présente sous la roue, et, par suite, d'éviter cet obstacle !

» Évidemment, les personnes qui ont dit que le chien ne devait pas être employé au trait, parce qu'il n'était pas organisé pour cet usage, ont protesté contre l'emploi de l'homme à ce même usage, car la plus simple démonstration prouverait qu'un bipède appliqué au tirage d'une voiture se trouve dans la condition la plus défavorable. Ces mêmes personnes devraient donc être d'avis de laisser improductive la puissance que la Société trouve, et chez l'homme et chez le chien, pour le transport par des véhicules roulants. Un tel sacrifice ne saurait être accepté. Il faut laisser l'homme traîner la charge qu'il peut déplacer sans trop de fatigue, et il faut admettre que l'homme peut très-bien se faire aider par son chien, qui est mieux organisé que lui pour être attelé à une charrette. Si le chien, d'après ce qu'a dit M. le marquis de Westminster, doit, par suite de son organisation, se tenir purement et simplement sur ses pattes, sans les appuyer fortement en faisant de grands efforts qui provoqueraient la blessure des tubercules plantaires par un sol rugueux et caillouteux, l'homme devrait, à plus forte raison, ne pas abandonner le mode de station que Dieu lui a donné pour l'ennoblir et lui faire dominer tous les autres animaux; il ne devrait courber ni la tête ni le corps sous de lourds fardeaux.

» Le dromadaire qui ne s'appuie, comme le chien, que sur des coussinets plantaires quand il marche, ne devrait donc pas non plus être utilisé au transport, si la raison donnée par M. le marquis de Westminster était absolument valable pour le chien.

» J'ajouterai à tout ce que je viens de dire en faveur de l'utilisation du chien au trait, dans des circonstances données, que cet animal, quoique attelé, peut se coucher et se reposer ainsi facilement, sans qu'on lui ôte les harnais; ce qui n'a pas lieu pour les bêtes dites de trait.

» En parlant de harnais, je me permettrai de faire une remarque d'une application générale, mais plus particulièrement importante pour l'attelage du chien. On doit toujours préférer le collier à la bricole : d'abord, parce qu'avec le collier, les épaules n'étant pas comprimées latéralement, leurs mouvements sont plus libres ; puis, parce que le point d'attache des traits peut être placé plus haut, plus près de la direction de la colonne vertébrale qui est le lien de communication de la puissance de l'avant-train à l'arrière-train. De cette manière, on évite une grande perte de la puissance musculaire.

» Je n'aurais pas besoin de vous dire, messieurs, que l'usage du chien, comme animal de trait, n'est plus à l'état d'essai. Tout le monde sait quels services en retirent des peuplades entières, et, dans beaucoup de contrées, des gens trop pauvres pour se procurer de grands animaux ou qui n'ont besoin que d'une trop faible quantité de force de traction pour occuper le travail d'un cheval ou même d'un âne, dont l'entretien est plus onéreux.

» Le chien a en outre l'avantage de marcher très-vite et d'éviter ainsi la perte d'un temps souvent très-précieux. Sa nourriture est peu coûteuse ; elle serait d'ailleurs presque toujours dépensée par le propriétaire d'un véhicule à cheval, parce que le chien est très-commun, et très-recherché, même par les personnes pauvres. Je vous dirai encore que la disposition du tube gastro-intestinal du chien permet à cet animal de supporter les jeûnes bien plus longtemps que le bœuf et le cheval. Si notre avis est accepté, la Société protectrice, en ne blâmant pas l'usage du chien pour le trait, favorisera le pauvre en l'encourageant à rechercher un aide qui ne lui coûtera presque rien, et en même temps un compagnon fidèle, qui le gardera et le distraira.

» Comme je dois chercher à combattre toutes les objections, je dirai un mot d'un prétendu inconvénient attribué aux chiens attelés à des charrettes. J'ai lu dernièrement, dans un journal, qu'un accident était arrivé sur une grande route, parce que des chiens attelés s'étaient jetés sur un équipage de chevaux. Je vous le demande, messieurs, peut-on attribuer les mauvais procédés des chiens en question à ce que ces chiens étaient attelés ? Certainement non. Ils eussent été libres et vagabonds, qu'ils auraient infailliblement fait un plus mauvais parti aux chevaux inoffensifs. Or, on ne peut guère empêcher les chiens d'errer sur les grandes routes ; on peut tout au plus les faire museler : eh bien ! on peut aussi museler les chiens attelés.

» La seule difficulté à surmonter, pour l'utilisation des chiens comme animaux de trait, réside dans les moyens de les contenir et de les diriger ; encore cette difficulté peut-elle être vaincue. D'abord, le chien écoute généralement la voix de son maître et obéit : ce qui n'arrive pas toujours pour le cheval, pour le mulet et pour l'âne (vous connaissez le proverbe) ; puis, à l'aide d'une sorte de caveçon, on peut encore, sans trop de difficulté, diriger le chien à droite et à gauche ; on peut l'arrêter surtout. J'ai vu souvent, à Paris même, des attelages de deux, quatre, six et jusqu'à huit chiens conduits par un seul homme monté dans une voiture. J'avouerai que le fouet n'est pas d'un grand secours à celui qui conduit des chiens attelés, parce que le chien, qui est fortement frappé et qui est retenu d'une manière quelconque, se couche ordinairement au lieu d'aller plus vite. Il serait peut-être à désirer qu'il en fût ainsi pour ces malheureux chevaux que des bourreaux de charretiers contraignent à marcher, alors même qu'ils sont surchargés.

» La difficulté de conduire très-facilement les chiens attelés, dont je parlais tout à l'heure, ne peut être un inconvénient que pour les villes très-populeuses, et je comprends que, là, des mesures de police défendent de se servir de ces animaux attelés seuls à des charrettes ; mais je crois que les chiens attelés placés à côté d'un homme qui se trouverait dans les brancards d'une petite voiture, pourraient être tolérés sans inconvénient pour la sûreté générale, et au grand avantage du pauvre, qui partagerait sa fatigue entre lui et son compagnon fidèle, qui n'en serait que mieux soigné et plus chéri.

» Je suis convaincu que si le chien, dont on raconte tant de bonnes actions, pouvait lui-même venir s'atteler à la charrette que traîne péniblement son maître, il n'hésiterait pas à le secourir, comme cela arrive pour les chiens que, tous les jours, nous rencontrons portant dans leur gueule des fardeaux assez souvent très-lourds. Quelque peu commode et peu rationnel que soit ce mode de transport, vous voyez ces animaux agir sans contrainte, et on pourrait presque dire avec joie, tant ils paraissent heureux d'être utiles à leur maître. Eh bien, il est évident que cette espèce de travail est au moins aussi pénible pour eux que le service du trait *bien entendu*, c'est-à-dire proportionné à la force des animaux, et il est beaucoup moins en rapport avec leur organisation ; car le chien n'a pas, comme le cheval, par exemple, un ligament cervical très-développé qui contre-balancerait le poids fixé entre les mâchoires. Je ne crois cependant pas que la Société soit disposée à blâmer l'usage dont je viens de parler ; elle doit donc approuver le service du chien pour le trait.

» Me voilà bien en opposition avec nos bons voisins d'Angleterre. J'en suis vraiment contrarié ; car ce sont eux qui, des premiers, ont cherché à protéger efficacement les animaux contre les mauvais traitements. Je leur demanderai la permission de leur faire observer qu'ils m'ont paru excessifs dans leur compassion à l'égard du chien, considéré comme animal de travail. Je crois m'être suffisamment expliqué pour que vous ne partagiez pas, en cette occasion, l'opinion de nos amis, et j'espère que, lorsque mes contradicteurs voudront bien réfléchir à la sentence qu'ils viennent de prononcer contre l'usage des chiens pour le tirage, ils deviendront plus tolérants, moins exclusifs.

» D'un autre côté, je les conjurerai de porter leur attention sur des abus qui causent de bien plus grandes souffrances que l'attelage. Qui ne sait ce qu'endurent de douleurs inutiles ces beaux et bons animaux lancés à outrance sur un gibier, qui, en courant trop longtemps sur des terrains rocailleux ou couverts de chaume ou de chicots, s'exténuent de fatigue, rentrent avec les pattes en sang, quelquefois sans épiderme, et qu'il n'est pas très-rare de voir expirer ? Qui n'a été témoin de ces corrections cruelles que l'on inflige aux chiens pour les dresser à la chasse, dont le but le plus ordinaire n'est que l'amusement ?

» Je conjurerai encore nos voisins d'examiner si, dans les

courses et dans certaines chasses, telles qu'elles se pratiquent aujourd'hui, il n'y a pas des abus qui causent des souffrances, des accidents graves et durables, et même quelquefois la mort à de bons et excellents chevaux.

» Qu'on ne croie pas que je cherche à blâmer l'exercice de la chasse à cheval, ni à combattre l'institution des courses en général; je ne m'élève que contre les abus. Je reviendrai, un autre jour, sur certaines de ces pratiques que notre loi de 1850 devrait certainement punir..... »

Les principales qualités que j'ai indiquées comme devant être recherchées pour les chiens que l'on utilise accidentellement au trait, c'est-à-dire le développement du système osseux et du système musculaire, le peu de longueur du corps, la disposition rectiligne de la colonne vertébrale, l'ampleur de la poitrine, doivent aussi appartenir aux chiens exclusivement employés pour la garde de l'homme et des habitations. Ce sont des gages de puissance et de santé.

Il arrive assez souvent que des individus de ces grandes races de chiens ont les paupières inférieures tombantes et quelquefois même renversées en dehors. Ce défaut, qui a toute sorte d'inconvénients, se transmet par hérédité; il faudra donc soigneusement prescrire, comme animaux reproducteurs, tous les chiens et les chiennes chez lesquels il existera.

J'ai déjà dit ce que je pensais sur la race Bull-dog; je crois qu'on pourrait la supprimer, comme on a déjà supprimé certaines autres races qui n'avaient guère leur raison d'être, la race des Carlins, par exemple, qui n'avaient aucune des qualités quelconques qui puissent justifier le désir ou le besoin de posséder un chien; comme les Anglais devraient également supprimer les Chiennes qu'ils appellent *Comiques*, en raison de la disposition monstruosiforme de quelques-unes de leurs parties. Quoique la beauté soit une chose idéale, on n'arrivera jamais, je l'espère, à faire admettre de pareilles anomalies comme des perfectionnements et comme devant être propagées. La question sera probablement jugée à l'exposition de Chiens qui a lieu en ce moment à Londres, où se trouvent réunis, dit-on, 16 à 1700 Chiens, au nombre desquels on peut voir de ces *Chiens comiques*. Il n'y aurait absolument que si l'on pouvait mettre à profit la puissante organisation des Bull-dogs pour les utiliser au trait ou à la destruction des animaux nuisibles qu'ils mériteraient d'être conservés, et encore les Bull-terriers de grande taille, qui sont l'expression la plus accomplie de la forme harmonisée et de l'animation, par conséquent de la puissance et de la santé chez un animal de leur volume, pourraient très-bien les remplacer. On ferait ainsi disparaître une sorte de monstruosité héréditaire, à savoir : la disposition anormale et si disgracieuse des mâchoires.

Il n'y avait heureusement à l'exposition que 18 Bull-dogs, dont 4 femelles ; tandis qu'il y avait 54 Bull-terriers dont 24 femelles. Parmi les individus de cette dernière classe, on en trouvait de divers poids et de diverses nuances ; les uns pesaient plus de 3 kilogrammes, les autres moins de 3 kilogr. ; les uns étaient d'un pelage dit bringé, d'autres étaient fauves, blancs ou noirs. Rien ne peut égaler l'adresse et le courage de ces Chiens, quand on les met à même de détruire les rats, même les rats de la plus grosse espèce, les Surmulots.

Les *Terriers*, ces Chiens si bien constitués aussi, si vifs, si intelligents, si soumis, si vigilants, partant, si propres à tant d'usages, étaient admirablement représentés ; il y en avait 33 à poil ras, dont 16 femelles, et 25 à long poil, dont 10 femelles. Ces races se propagent beaucoup et avec juste raison ; on les voit surtout chez les gens d'écurie ; ils deviennent autant l'ami des chevaux avec lesquels ils cohabitent souvent, que de leurs maîtres, dont ils sont un objet de distraction bien vive et bien utile pendant les moments d'attente auxquels le service oblige les cochers et les palefreniers, et que ces derniers pourraient employer d'une manière préjudiciable à leur bourse et à leur santé.

Il y avait plusieurs races et plusieurs variétés très-remarquables dans le grand groupe des Terriers. Il y avait des Terriers à poil ras et des Terriers à long poil. On distinguait parmi les premiers des variétés assez fines de diverses cou-

leurs et de poids différents, allant quelquefois au-dessous de
4 kilogrammes. Parmi les seconds, on voyait des Terriers-
Griffons à nez simple, des Terriers-Griffons à nez double (dont
je ne ne conseillerais pas la propagation, le double nez étant
une disposition organique anormale qui ne donne pas de
qualité et qui est disgracieuse), des Scotch-Terriers, des Skyes,
qui commencent assez à se répandre en France, en raison de
leurs qualités. Les Terriers-Griffons sont très-appréciés chez
nous ; leurs yeux, d'une vivacité extraordinaire, indiquent
leur ardeur pour les services qu'on leur demande. Je leur
préférerais cependant toujours les Terriers à poil ras, qui,
par leur organisation et par leur physionomie, indiquent
encore plus de vigueur et plus d'entrain, plus d'animation.
Cette race de Chiens, pour laquelle j'ai une prédilection marquée, en raison de toutes ses aptitudes si variées, j'en recom-
mande la multiplication ; on est sûr de trouver chez elle une
infinité de ressources que l'on demanderait en vain à d'autres
races.

Le Chien dit *Danois*, si répandu autrefois, parce qu'il était
de mode, ne se fait remarquer par aucune qualité spéciale bien
attrayante, ni bien utile. La variété la plus grande est assez curieuse en raison de sa taille et de son pelage ; elle seule était
représentée à l'exposition par deux mâles et deux femelles.

Les *Chiens de chasse* de toutes races et de toutes variétés
étaient très-nombreux ; on les avait divisés en quatorze groupes,
ayant presque tous pour motif l'usage auxquels étaient destinés les Chiens qui les composaient, ou plutôt les modes de
chasse auxquels ils étaient plus particulièrement propres. C'est
dans la création des races et des variétés des Chiens de chasse
que se manifeste très-évidemment l'influence de l'homme sur
les formes, la vitesse, la constitution, le caractère, en un mot
sur les aptitudes des animaux à la recherche ou à la poursuite de tel ou tel gibier, de tel ou tel animal féroce. L'exposition est venue le démontrer ; on y a vu non-seulement de
très-beaux types individuels, mais encore des meutes très-bien
composées, c'est-à-dire formées d'individus bien appareillés
sous tous les rapports, par la forme, par la couleur, par

l'allure, par la résistance à la marche, en un mot par toutes les conditions qui indiquent de grandes aptitudes. C'est à cet ensemble et à cet accord si nécessaires pour des animaux qui doivent agir en commun et se prêter un mutuel secours, qu'il est si difficile d'arriver, et pour lequel il faut des soins et des connaissances variées, cimentées par l'expérience. Nous avons eu la preuve que toutes ces conditions se trouvent en France, où l'on est même parvenu à rassembler en un assez grand nombre des Chiens de races appropriées, de manière à former des meutes ayant des aptitudes spéciales. Parmi les douze lots de chiens dits *Chiens d'ordre*, il y avait de très-beaux exemples de races créées en France par des accouplements ou par des croisements bien entendus et persévérants. On a pu admirer particulièrement un lot de Chiens de race française dite de *Virelade*, auxquels les journaux anglais, dans leurs comptes rendus, ont accordé la palme, et dont ils ont dit qu'il n'y avait pas d'animaux aussi parfaits sous tous les rapports, en Angleterre. C'est une belle victoire remportée sur des éleveurs aussi habiles et aussi persévérants. On a pu constater aussi un autre résultat très-remarquable, c'est une réunion de chiens d'un grand courage et d'une grande énergie, courage et énergie qui leur permettent d'affronter avec succès les fatigues et les dangers que comporte la chasse du loup.

Les races étrangères et les races dites *Bâtardes*, quoique bien confirmées, étaient aussi très-bien représentées.

On a déjà tant parlé de cette magnifique collection de Chiens d'ordre, dont plusieurs types ont été reproduits par le dessin et par la gravure et par la sculpture, que je crois devoir me dispenser d'en dire davantage.

On voyait dans ce groupe de Chiens courants français, qui avaient été exposés isolément, des types d'une grande perfection des souches pures des nouvelles races constituées. Ce groupe ne se composait que de treize Chiens dont une femelle.

Un autre groupe de Chiens courants exposés isolément aussi dans la désignation de *Chiens courants bâtards et croisements divers* (races confirmées), contenait de beaux métis provenant de combinaisons assez diverses, mais dans lesquelles dominaient le sang poitevin, le sang saintongeois et le sang anglais. Il y avait 14 individus, dont 3 femelles, dans ce groupe de grandes races.

Les *Chiens courants de petites races* étaient divisés en *Briquets et Chiens à lièvre* (2 mâles et 2 femelles), en *Chiens courants anglais* (Beagles) (9 mâles et 5 femelles), et en *Chiens bassets de toute origine* (16 mâles et 11 femelles). Les derniers étaient presque tous à jambes torses. Il y avait de beaux types dans ces trois séries.

Les *Chiens d'arrêt* étaient en grand nombre (170) ; ils formaient cinq groupes.

1° Les Chiens *braques* (60 mâles et 31 femelles) comprenaient la 18ᵉ et la 19ᵉ classe du catalogue de l'exposition. Il avait été question d'abord d'en faire deux sous-divisions : l'une sous la dénomination de *Braques français*, l'autre sous la dénomination de *Pointers* ou Braques anglais ; mais il a été facile de constater qu'il y avait tant d'analogie entre ces chiens, que les propriétaires présentaient sous la désignation de *Braques français* et sous celle de *Pointers*, qu'on les a réunis dans un même groupe. Tout indique que le *Pointer* est purement et simplement le Braque français né et élevé en Angleterre. Il y avait assez de nuances renfermées parmi ce très-remarquable groupe : le Braque dit de *Saint-Germain*, le Braque Dupuy, le Braque sans queue du Bourbonnais, le Braque picard, le Braque navarrais, le Braque de l'Anjou, le Braque Charles X, un Braque allemand, le Braque anglais, le Braque espagnol, le Braque à deux nez.

2° Les *Chiens de chasse épagneuls* (27 mâles et 11 femelles). Il y avait dans ce groupe des races françaises et des races étrangères très-distinctes les unes des autres. Les Épagneuls écossais et irlandais étaient les plus nombreux.

On avait consacré une classe particulière à une race d'Épagneuls anglais bien caractérisée, désignée sous la qualification de *Cocker*, en raison de son aptitude particulière, et une classe à une autre race d'Épagneuls qu'on a appelée *Retrievers* en Angleterre. Les Chiens qui appartiennent à cette race sont des *Épagneuls d'eau*, c'est-à-dire des Chiens épagneuls qui vont très-facilement à la recherche du gibier en se mettant à l'eau. Il y avait 12 Chiens (8 mâles et 4 femelles) dans ce groupe, qui renfermait en général de beaux animaux.

3° Les *Chiens barbets et griffons d'arrêt*, qui ont été confondus dans une même classe, quoique présentant des caractères différentiels assez distincts. Il y avait 13 Barbets d'arrêt dont 4 femelles, et 11 Griffons dont 3 femelles.

Les *Lévriers* de chasse formaient une collection très-remarquable. Il y avait des Lévriers à long poil et d'autres à poil ras.

Parmi les Lévriers à long poil, au nombre de 33 dont 8 femelles, on voyait de beaux Chiens kurdes, des Chiens russes, syriens, caucasiens, écossais, espagnols.

Parmi ceux à poil ras (9 mâles et 5 femelles), il y avait surtout des Chiens anglais greyhound et sloughi. On distinguait particulièrement une Levrette d'origine espagnole.

Les Lévriers de grande taille sont considérés, en France, plutôt comme Chiens d'agrément que comme Chiens de chasse. Ce sont en effet des animaux qui offrent beaucoup d'attraits par leur forme gracieuse, élancée, par leur puissance énergique, par leur souplesse et par la vitesse de leurs allures.

Les *Chiens de luxe*, et j'aimerais mieux dire Chiens d'agrément, n'étaient pas aussi bien représentés que les Chiens d'utilité, soit sous le rapport du nombre, soit sous le rapport de la beauté et des conditions particulières qui font en général rechercher ces Chiens. Cela a probablement tenu à ce que les maîtres ou les maîtresses de ces Chiens mignons, leurs compagnons de tous les jours, de toutes les heures, de tous les instants, se sont difficilement décidés à se séparer momentanément de leurs animaux pour les exposer ; car je sais qu'il existe à Paris un grand nombre de petits Chiens d'agrément.

Je pense qu'on aurait pu augmenter un peu ce groupe de Chiens, en y comprenant les quelques très-petits Terriers marrons ou noirs qui ont été rangés dans la classe des Terriers à poil ras, ainsi que cela a été fait pour les petits Épagneuls de luxe.

D'un autre côté, il est vrai, on aurait pu mettre au nombre des Chiens d'utilité les deux Loulous dits *Chiens de Poméranie*, qui se trouvaient parmi les Chiens de luxe ; car on sait quels services ils rendent dans maintes occasions par leur vigilance et leur activité. Quoique deux individus seulement de cette précieuse race de chiens aient été exposés, on sait que, fort heureusement, elle est très-répandue.

Parmi les Chiens de luxe, on trouvait à l'exposition :

1° Les *Levrons* ou petits Lévriers (12 mâles et 8 femelles), que l'on pouvait ranger en trois groupes principaux : les Levrons d'Italie, les Levrons à peau nue de la Chine et les Levrons turcs. Pour mon compte, j'accorderais la préférence aux chiens qui ont le corps entièrement couvert de poil.

2° Les *petits Épagneuls de luxe* (13 mâles et 7 femelles). Trois principales races composaient ce groupe : les King-Charles, les Blenheim et les Chiens du Japon. Ce groupe n'était pas très-brillant, et il y a cependant beaucoup de petits Épagneuls en France, et à Paris surtout.

3° Les *petits Caniches de luxe* (16 mâles et 20 femelles). Le groupe de Chiens bichons était assez bien garni ; il y avait de très-beaux types des principales races et des principales variétés de ces Chiens. Il y avait des Bichons havanais, péruviens, autrichiens, des Bichons des îles Baléares, des Bichons de l'île de Malte, etc. Ces jolis petits animaux ont l'inconvénient d'exiger beaucoup de soins de propreté et d'être souvent exposés à avoir de la chassie aux yeux et même quelquefois à avoir les joues inondées par du liquide larmoyant qui couvre la peau qui se trouve au-dessous du grand angle de l'œil.

4° Les *Chiens carlins*. On avait exposé comme tels deux Chiens qui n'avaient pas les vrais caractères de l'ancienne race de ce nom, et dont j'ai vu, il y a une quarantaine d'années, un grand nombre d'individus. Ces deux Chiens avaient beaucoup plus de ressemblance avec le Doguin d'autrefois, qui était aussi très-répandu, qu'avec le Carlin avec son nez très-court, les yeux très-proéminents, l'ouverture des paupières presque circulaire, la face à peu près complétement noire, le reste du corps jaunâtre et la queue recourbée plusieurs fois sur elle-même en spirale ; le cou très-court, le corps de même, quoique étant supporté par des membres assez longs. C'était un chien très-laid et avec des proportions mal harmoniées. Son allure était disgracieuse.

En résumé, l'exposition de Chiens au jardin d'acclimatation du bois de Boulogne, en 1863, a été très-intéressante et très-instructive. On y comptait 385 mâles et 195 femelles parmi les Chiens exposés individuellement, plus 12 lots composés en moyenne de 12 Chiens, chez lesquels le sexe mâle dominait dans une grande proportion. C'est un magnifique succès pour une première exposition en France.

Cette exposition justifie l'utilité des concours de tous genres institués comme moyens d'instruction mutuelle et comme sources d'émulation.

On a beaucoup écrit et beaucoup dit contre la multiplication des Chiens. Je crois qu'on a eu tort, et je me chargerais de le prouver ici, si le temps et l'espace me le permettaient. Je me bornerai à rappeler que j'ai cru avoir démontré l'*utilité* de presque toutes les races de Chiens, considérées à divers points de vue. N'est-ce pas déjà une présomption en faveur de l'opinion que je soutiendrais. Les deux principales objections que l'on a faites à la multiplication des Chiens, ont été, d'une part, la consommation inutile d'une grande quantité de substances alimentaires qui pourraient servir à la nourriture de l'homme, et, d'une autre part, une plus grande chance pour la propagation de la rage. Avec d'autres raisons que je pourrais développer, j'invoquerais toujours l'*utilité* du Chien, et il ne s'agirait plus alors que de mettre en balance cette utilité avec les motifs objectés. On verrait bientôt qu'elle l'emporterait sur les inconvénients signalés.

Continuons donc à favoriser la multiplication de l'espèce canine dans des proportions en rapport avec les besoins réels, et surtout perfectionnons les races de manière à augmenter leurs aptitudes, qui doivent être si variées.

DES

CHIENS EMPLOYÉS A LA CHASSE EN FRANCE

ET DE LEUR ORIGINE,

Par M. le baron de NOIRMONT.

Les chiens employés à la chasse en France se divisaient autrefois en quatre grandes catégories :

1° *Chiens de force*, qui coiffent et portent bas la bête ;

2° *Lévriers*, qui la prennent de vitesse ;

3° *Chiens courants*, qui suivent la piste en donnant de la voix ;

4° *Chiens d'arrêt*, qui suivent la piste en silence, et indiquent la présence du gibier en s'arrêtant.

La loi de 1844 défend la chasse aux Lévriers, et celle avec les Chiens de force est presque entièrement tombée en désuétude.

Cependant il existe encore en France un certain nombre de Lévriers, conservés comme Chiens de luxe, et les Chiens de force, quoique devenus fort rares, n'ont pas entièrement disparu, ce qui nous oblige à leur consacrer quelques lignes.

I. — CHIENS DE FORCE.

Nos ancêtres avaient pour coiffer l'ours et le sanglier des chiens d'énorme taille, nommés dans le langage de l'époque *Alans* et *Vautres* (1), auxquels ils joignaient des Dogues et Mâtins. Ces derniers ont encore été employés de nos jours par quelques veneurs des Ardennes pour saisir aux écoutes un sanglier tenant au ferme, et permettre au chasseur de le tuer facilement avec la carabine ou le couteau.

Les Alans et les Vautres n'existent plus que dans quelques antiques tapisseries et dans les tableaux de Sneyders où l'on

---

(1) Le nom d'*Alan* (*Canis alanus*) vient des Alains, peuple du Caucase, qui envahirent l'empire romain au IV° siècle. — Celui de *Vautre*, d'où s'est formé *Vautrait* (meute pour chasser le sanglier), est dérivé du mot gaulois *Veltrahus* ou *Vertragus*.

peut les voir, caparaçonnés de cottes d'armes piquées, s'élançant sur le sanglier que le veneur se prépare à percer de l'épieu.

Ces puissants animaux ressemblaient beaucoup aux grands Danois qui servent à coiffer le sanglier chez quelques princes d'Allemagne, et nous possédons encore de rares individus de cette belle race, qui a été représentée dignement à l'Exposition de la race canine.

Le grand Danois est un chien de la plus haute taille ($0^m,75$ à $0^m,85$ c.), « ayant le corps élancé du Lévrier, la grosseur du Mâtin et la force du Dogue (1) ». Son museau est assez long et coupé carrément, ses oreilles courtes et un peu pendante, sa robe est ordinairement d'un blanc bleuâtre, marqué de taches noires. Il y en a aussi de fauves bringés.

Les individus qui ont le nez rose et les yeux blancs ou vairons peuvent faire remonter leur généalogie jusqu'aux Alans décrits par Gaston Phœbus.

Ce fut d'Angleterre qu'on tira jusqu'au xviii° siècle les Dogues les plus estimés. La reine Élisabeth en envoyait comme présent à Charles IX (2).

Le grand Dogue anglais, ou Dogue de forte race (*British Mastiff*) qui est devenu très-rare, est un des plus grands et des plus puissants animaux de son espèce. Il a jusqu'à $0^m,95$ de hauteur à l'épaule. Sa couleur est généralement fauve bringée, son museau constamment noir est court et écrasé (moins toutefois que celui du Bull-dog). Sa mâchoire inférieure proéminente, sa tête très-grosse et ronde, son front aplati, ses lèvres pendantes, ses oreilles, qu'on coupe ras d'habitude, sont naturellement tombantes à demi.

Ce chien, doué d'une force prodigieuse, est très-courageux et cependant plus docile et moins féroce que les *Alans* et le Bull-dog.

Il serait assez difficile de déterminer exactement les caractères du Mâtin, animal de race essentiellement mêlée, dont

(1) *Dictionnaire des sciences naturelles.*

(2) Le nom de *dogue* dérive de celui que porte en langue anglaise l'espèce canine tout entière (*Dog*).

on a fait usage pour chasser le sanglier jusqu'au règne de Louis XIV dans les équipages royaux.

Sous Louis XV, le chevalier Antoine, porte-arquebuse du roi et officier de sa vénérie, louvetier célèbre, qui eut la gloire de tuer la terrible bête du Gévaudan, avait introduit dans les meutes de la louveterie royale des chiens d'une superbe espèce qu'on peut encore aujourd'hui admirer au Louvre, dans le magnifique tableau d'Oudry, représentant la *Prise d'un loup monstrueux* (n° 587).

Ces chiens, venus du royaume de Naples, appartenaient à la fameuse race des Chiens loups des Abruzzes, mâtins énormes, au poil blanc et épais, aux oreilles demi-pendantes, à la queue en panache, qu'ils portent recourbée sur le rein.

Les Chiens de berger des Pyrénées françaises et espagnoles ont beaucoup de rapports avec ces Chiens des Abruzzes, mais je ne sache pas qu'on en ait jamais dressé pour la chasse.

II. — Lévriers.

Au moyen âge les lévriers jouaient un rôle important dans toutes les chasses, depuis celle du sanglier jusqu'à celle du lapin.

On les divisait alors en *Lévriers d'attache*, *Lévriers pour lièvre et levrons*.

Les Lévriers d'attache, dont l'office était de coiffer le loup et le sanglier, étaient des animaux de haute et forte taille, presque tous à poil rude. On en tirait de Bretagne, d'Irlande et d'Écosse.

Les deux premières races sont complétement éteintes. Les Lévriers d'Irlande étaient les plus grands de tous les chiens. Ils dépassaient un mètre de hauteur au garrot (40 pouces anglais).

Les Lévriers à poil rude de la haute Écosse (*Highland deer-hounds*) sont encore en grande estime dans le îles Britanniques. Les *sportsmen* qui se livrent à la pénible et dure chasse du cerf à la carabine dans les montagnes d'Écosse (*deerstalking*), les lancent à la poursuite d'un animal blessé que deux de ces chiens suffisent à porter bas. Cette scène émouvante a souvent été représentée par les peintres anglais, notamment par le célèbre sir Edwin Landseer.

Les Lévriers d'Écosse, semblables pour la forme et la physionomie au grand Lévrier d'Irlande, mais moins grands (ils n'atteignent guère que 0^m,70 à 0^m,75 de hauteur), ont le poil long et dur, gris de fer, fauve et quelquefois blanc; tous doivent avoir le bout des oreilles et le nez noirs.

Ils sont fort rares en France actuellement.

Les grands Lévriers à poils rudes de Russie et du Caucase, qui coiffent le loup et le chacal des steppes, ceux à poils soyeux de Perse et de Syrie, ne paraissent pas avoir jamais joué un rôle dans les chasses du temps passé.

Le nord de l'**Afrique** produit de très-grands Lévriers, généralement fauves bringés et à poils ras, nommés *Sloughis* en langue arabe. En Algérie, les indigènes leur font chasser le sanglier, le chacal, le bubale et la gazelle. Ces chiens, fort estimés et difficiles à trouver quand ils sont de race pure, étaient connus et appréciés de nos aïeux; dans une lettre écrite à Charles IX par Pierre Bon, consul de Marseille, on voit que le roi d'Alger envoie à ce prince des chevaux barbes, des lions et des lévriers fauves.

Les Lévriers pour lièvre, considérés comme les plus nobles de tous, étaient plus petits et plus sveltes que les précédents : tous étaient à poils ras et d'une couleur uniforme, noirs, fauves ou blancs. Ces derniers étaient les plus estimés au moyen âge.

La race de ces chiens est fort ancienne dans notre pays; les Lévriers gaulois, ou *Vertragi*, étaient fort recherchés des Romains dès le siècle d'Auguste. Ovide compare Apollon poursuivant Daphné à un Lévrier gaulois qui chasse un lièvre, et qui, près de le saisir, précipite sa course, le museau allongé.

On prisait sur tous, pour la chasse du lièvre, les Lévriers de Bretagne, de Picardie et de Champagne; ceux d'Angleterre, d'Espagne (*Galgos*), de Portugal et du Levant n'étaient pas en moindre renom.

La chasse du lièvre avec les Lévriers était déjà à peu près tombée en désuétude chez nous, lorsque la loi de 1844 est venue la ranger au nombre des chasses prohibées. Nos races françaises de Lévriers ont disparu depuis longtemps, et l'on ne voit plus en France que quelques *Greyhounds*, devenus des chiens purement de luxe, comme les Lévriers d'Écosse, de Russie, de Perse et les *Sloughis*, qu'on y amène par curiosité et en très-petit nombre.

Certains Lévriers, nommés *Charnègres* ou *Charnaigues*, issus d'un ancien croisement entre Lévrier et Chien courant, réunissaient la vitesse des premiers à une certaine finesse d'odorat, et pouvaient suivre par le pied le gibier que les autres lévriers ne chassent qu'à vue. Ils étaient communs en Espagne. En France, ces *Charnègres* n'étaient connus qu'en Provence. Il en existe encore quelques-uns, dit-on, dans la Camargue, où l'on s'en sert pour chasser le renard, le lièvre, la perdrix rouge, qu'ils forcent à la course, et le lapin qu'ils prennent au terrier.

Quiqueran de Beaujeu, évêque de Senez, qui a écrit au xvie siècle un ouvrage à la louange de la Provence, décrit les Charnègres comme ayant le poil d'un blanc sale, le corps effilé et médiocrement grand, les oreilles longues et droites.

Les charmants petits animaux que nous nommons *Levrettes* et plus correctement *Levrons* (1), ont été importés originairement d'Italie en Angleterre, où on leur donne le nom de *Levrons Italiens* (*Italian Greyhounds*). D'Angleterre, ils sont venus en France. On en tirait aussi d'Espagne et de Portugal, mais les plus beaux des Lévrons étaient les Anglais « que la nature semblait avoir faits autant pour le plaisir de la vue que pour la chasse. » (Selincourt).

Autrefois les Levrons chassaient le lapin dans les parcs; Louis XIII se livrait à cette chasse dans une garenne qui existait alors au bout des Tuileries.

III. — CHIENS COURANTS.

Nous comprenons sous le nom de *Chiens courants* tous

---

(1) Au xviiie siècle, le mot *levrette* s'appliquait à tous les lévriers femelles, quelle que fût leur taille. La femelle du levron s'appelait *lévriche*. (*Dictionnaire de Trévoux.*)

ceux qui chassent à voix sur une piste. On peut diviser cette nombreuse catégorie en deux classes : les Chiens d'ordre, qui servent à la grande vénérie, et les chiens employés dans les petites chasses, comme les *Brachets* du moyen âge, les Briquets, les Bassets et les Terriers.

§ 1. — *Chiens d'ordre.*

Nos aïeux ont commencé de bonne heure à introduire des chiens étrangers dans les meutes. Cependant les races françaises y ont dominé jusqu'au xviii⁰ siècle. Sous ce nom, nous rangeons, outre les races réellement aborigènes, celles dont l'importation est très-ancienne et dont le sang s'est mêlé avec le sang indigène depuis de nombreuses générations.

Dans son consciencieux travail sur les Chiens courants français, notre collègue, M. le comte Le Couteulx de Canteleu, compte douze races types et originaires connues depuis des siècles, et dont la plupart ont existé jusqu'à la Révolution. Ce sont :

Les quatre races dites *Royales*, parce qu'elles composaient exclusivement les équipages de cerf de nos rois :

Chiens de Saint-Hubert.
Chiens blancs du roi.
Chiens fauves de Bretagne.
Chiens gris de Saint-Louis.

Puis :

Les Chiens de Bresse.
Les Griffons de Vendée.
Les Chiens de Gascogne.
Les Chiens de Saintonge.
Les Chiens normands.
Les Chiens de Poitou.
Les Chiens Céris.
Les Chiens d'Artois.

A ces races principales, il convient d'ajouter celle des Chiens bleus dits *Foudras*, dont l'origine bien connue ne remonte qu'au xviii⁰ siècle.

Il est impossible aujourd'hui de rechercher avec quelque

succès la généalogie de ces races, qui, en général, se perd dans la nuit des temps. En décrivant chacune d'elles, nous allons exposer les conjectures que nous aurons pu former sur ce sujet difficile.

Les *Chiens de Saint-Hubert*, renommés dès le XIIIe siècle sous le nom de *Chiens de Flandres*, étaient divisés en deux sous-races, les blancs et les noirs. Ils paraissent descendus de ces Chiens belges dont parle Silius Italicus et que le poëte latin vante comme excellents limiers pour détourner le sanglier.

Les plus estimés étaient *ces Chiens noirs anciens*, dont les abbés de saint Hubert, en Ardennes, avaient toujours gardé la race *en l'honneur et mémoire du saint, qui estoit veneur avec saint Eustache* (Du Fouilloux). Ils étaient de moyenne stature, longs de corsage, mais bas sur jambes. Ceux de race pure étaient marqués de feu aux sourcils (ce qu'on appelait anciennement *quatrœillés* (1), avec les jambes de la même couleur. Ils ne devaient point avoir de poils blancs, qu'au poitrail.

Ces chiens étaient lents, de haut nez et très-collés à la voie; ils chassaient de *forlonge et par le menu*. Leur manque de vitesse leur faisait préférer la chasse du loup, du sanglier et du blaireau.

Des Ardennes, les Chiens noirs de Saint-Hubert se répandirent en Hainaut, en Flandre, en Lorraine et en Bourgogne, puis, de là, jusque dans nos provinces méridionales. Les meutes de l'illustre veneur Gaston Phœbus étaient composées de Chiens de Saint-Hubert.

Ces chiens étaient devenus fort rares en France et avaient beaucoup dégénéré du temps où d'Yauville écrivait (1788), quoique l'abbé de Saint-Hubert eût toujours continué d'en envoyer six ou huit en présent au roi chaque année. La race peut en être considérée comme éteinte sur le continent, mais elle semble s'être conservée pure en Angleterre dans celle des *Bloodhounds* noirs, dont nous reparlerons bientôt.

(1) De *quatre œils*.

Au xvᵉ siècle, il existait en outre des Chiens blancs de Saint-Hubert moins recherchés que les noirs des gentilshommes, parce qu'ils ne voulaient chasser que le cerf.

Un de ces chiens, nommé Souillard, offert à Louis XI, qui n'en tint compte, parce qu'il ne faisait cas que des chiens gris, donné par ce roi au sénéchal Gaston de Lyon, puis par celui-ci à Jacques de Brézé, grand sénéchal de Normandie, ayant couvert une Chienne braque d'Italie, devint le père de la fameuse lignée des *grands Chiens blancs du roi*. On les surnomma *Greffiers*, parce que le maître de la lice était un des secrétaires du roi, qu'en ce temps-là on appelait *greffiers* (1).

Les chiens blancs étaient, dit Charles IX, *de vrais Chiens de roi*. On n'admettait dans les meutes royales que ceux qui étaient d'une entière blancheur ou marquetés de fauve. *Grands comme Lévriers*, ils avaient la tête *aussi belle que des Braques*, portaient toujours la queue sur le rein et se distinguaient entre tous par la finesse de leur peau et leur pelage excessivement ras, ce qui les rendait plus sensibles au froid.

Du reste, excellents pour chasser le cerf, très-requérants, gardant admirablement le change et joignant l'ardeur à la docilité.

Des Chiens greffiers plus ou moins croisés sont issus les Chiens vendéens, qui ont conservé en grande partie leurs qualités, mais dont la race, modifiée encore par de nouveaux croisements, est devenue rare à l'état de pureté.

Les *Chiens gris* passaient pour être originaires de Tartarie et pour avoir été ramenés d'Orient par saint Louis.

C'étaient de grands chiens, *hauts sur jambes et d'oreilles*, ayant l'échine large et forte, le jarret droit et le pied bien formé. Ceux qui étaient de bonne race avaient le poil gris noirâtre sur le dos et de couleur de lièvre sur le reste du corps, avec les jambes *cannelées* et ondées de rouge et de noir.

Ils étaient extrêmement vites, très-ardents et de grand cœur, mais indociles, opiniâtres, sujets à prendre change, et de mauvaise créance.

(1) *La chasse royale de Charles IX.*

Abandonnée au XVI⁰ siècle par nos rois, cette race de chiens gris subsista longtemps dans les équipages des simples gentilshommes qui leur faisaient faire *plusieurs métiers*. Elle a fini par se confondre avec les autres et paraît entièrement perdue.

Charles IX faisait peu de cas des *Chiens fauves*, dans lesquels il voyait des bâtards provenant d'un croisement entre les Chiens blancs et les gris.

Du Fouilloux leur attribue au contraire une origine antique et illustre. « Il est à présumer, dit-il, que les Chiens fauves sont les anciens chiens des ducs et seigneurs de Bretagne, desquels M. l'amiral d'Annebauld et ses prédécesseurs ont toujours gardé de la race, laquelle fut premièrement commune au temps du grand roy François ».

Une chronique bretonne de la ville de Lamballe, citée par du Fouilloux, dit « qu'un seigneur dudit lieu avec une meute de Chiens fauves et rouges, lança un cerf en une forest en la comté de Penthièvre et le chassa et pourchassa, l'espace de quatre jours, tellement que le dernier jour, il l'alla prendre près de la ville de Paris. »

Les plus estimés de ces chiens avaient le poil d'un rouge vif, tirant sur le brun, avec une tache blanche au front ou au col. Quelques-uns avaient la queue *espiée* (garni de poils en forme d'épi.)

Les Chiens fauves étaient vigoureux, pleins de feu, extraordinairement vites ; on leur reprochait d'être étourdis, pillards et mauvais rapprocheurs.

Sauf quelques Chiens à poil rude, de couleur fauve, qu'on trouve çà et là en Bretagne, et qui peuvent être considérés comme les descendants des vieux Chiens bretons à queue *espiée*, cette race peut passer pour disparue.

« Tous chiens courants d'autre poil ou race que des poils dont j'ay parlé, dit Charles IX, sont Chiens bastars, de l'une et l'autre race. »

Quant aux chiens à poil rude que nous nommons *Griffons* et qu'on appelait autrefois *Barbets*, Charles IX les traite dédaigneusement de chiens tenant du Mâtin.

Malgré l'anathème prononcé par le veneur couronné contre

tous les chiens qui n'ont pas l'honneur d'appartenir aux quatre races royales, cette haute aristocratie de l'espèce canine, il est incontestable que la plupart des races françaises dont nous avons cité les noms peuvent faire remonter très-loin leur généalogie, quoique les anciens auteurs restent muets sur beaucoup d'entre elles. Ainsi nos veneurs font depuis long-temps grand état de certaines races à poils rudes. Les *Griffons de Vendée* jouissent depuis longues années d'une haute répu-tation, surtout pour la chasse du loup, et les *Chiens de Bresse* ou Griffons de l'Est, dont on trouve encore quelques échan-tillons dans les meutes de la Bourgogne, du Bourbonnais et du Morvan, sont issus en ligne directe des Chiens *ségusiens* décrits par Arrien au III° siècle de notre ère.

Les Ségusiens, dit cet auteur, tiraient leur nom du pays dont ils étaient originaires (*Segusii, Segusiavi*, peuples du Lyonnais et de la Bresse) ; c'étaient des chiens courants, égaux aux Chiens de Carie et de Crète pour la finesse de l'odorat, mais plus lents, et d'une mine triste et sauvage. Ils avaient le poil rude et hérissé, et ceux que les Grecs trouvaient les plus hideux étaient au contraire considérés en Gaule comme les meilleurs. En chasse, ils criaient beaucoup, tant sur le gîte que sur les voies, mais d'un ton si lamentable, que les Gaulois les comparaient à des mendiants implorant la la charité publique.

De cette description, il résulte clairement que les Chiens ségusiens sont bien le type primitif de nos vieilles races fran-çaises à poil rude ; chiens de haut nez, lents d'allure, hurleurs et rapprocheurs, et en particulier des Chiens de Bresse, qui venaient de l'ancien pays des Ségusiens.

Les Chiens de Gascogne, encore assez nombreux dans le sud-ouest de la France, ainsi que ceux de Toulouse et de Bordeaux, descendent des Chiens de Saint-Hubert dont se servaient au XIV° siècle Gaston Phœbus et les autres seigneurs du Midi, et qui se sont alliés à des races indigènes.

Ces chiens avaient en effet conservé beaucoup des qualités et des défauts des vieux ardennais.

Comme eux, ils étaient ordinairement d'une construction

robuste et un peu massive, longs de corsage et médiocrement
râblés. Leur tête était forte et coiffée très-long. Bien gorgés
et doués d'une finesse de nez remarquable, ils ont encore
ce point de commun avec les Chiens de Saint-Hubert, qu'ils
chassent le loup *d'amitié*, ce qui ne les empêche pas de bien
chasser le lièvre quand le loup fait défaut.

On leur reproche en général d'être lents, musards, trop
collés à la voie. Dans quelques meutes d'élite où cette race a
été suivie avec soin par des maîtres d'équipage intelligents et
bons connaisseurs, les Chiens de Gascogne se montrent ardents,
actifs dans les défauts et pleins d'énergie. En même temps
que le moral, les caractères physiques ont été perfectionnés :
les beaux chiens bleus de M. le baron de Rubles, que tout le
monde a admirés à l'exposition, avaient le rein large et musclé, le corsage épais et robuste, la tête belle, la queue fine et
bien relevée sur le rein.

Tous ces chiens sont de grande taille (23 à 25 pouces. —
767 millimètres à 833) ; leur pelage présente d'ordinaire ce
mélange de poils noirs et blancs qu'on appelle *bleu*, avec
des taches noires et des marques de feu à la tête et aux pattes.

Les Toulousains se distinguent par leurs marques sang de
bœuf. Une autre race, plus petite, croisée, dit-on , avec des
Briquets, se rencontre du côté de Lavardac (Lot-et-Garonne) ;
elle est marquée de bleu sur les reins et les côtes, et de feu autour des yeux. Les jambes sont fines, le pied sec et la queue
effilée (1).

Aux environs de Bordeaux existait, il y a quelques années,
une race de très-beaux chiens d'assez grande taille, dont le
pelage était blanc, avec de grandes taches noires.

Ce sont probablement les chiens blancs et noirs dont parle
Charles IX, et qui provenaient des *Chiens blancs et des Chiens
de monsieur Saint-Hubert*. Le roi, qui n'aimait pas leurs ancêtres ardennais, les qualifie de *gros Chiens pesants qui ne
sont à estimer*.

Cette race a été beaucoup améliorée par des croisements

(1) *La Vénerie française*, par M. le comte Le Coutenlx de Canteleu.

judicieux avec les Chiens de Saintonge, auxquels elle ressemble sur beaucoup de points. Depuis quelques années, elle s'est entièrement fondue avec les races voisines, surtout avec la race de Virelade qui en a recueilli les plus beaux spécimens survivants.

Blancs, marqués de noir, avec quelques feux pâles, légèrement tachetés de noir sous le poil, les Chiens de Saintonge ont l'oreille longue et papillotée, le cou long et mince, la poitrine profonde, le rein étroit et cambré, la cuisse plate, la queue attachée bas, la patte de lièvre, sèche et nerveuse.

Ils sont délicats, difficiles à élever, mais ont belle gorge et bon nez.

La race pure de Saintonge est devenue rare depuis quelques années, et plusieurs maîtres d'équipage ont essayé, sans succès, de la propager loin de son pays natal. Néanmoins, dans le département de l'Ariége, on voit une belle race de Chiens de lièvre, qui doivent être descendus des Chiens de Saintonge, avec lesquels ils présentent une grande conformité de caractères. Il en est de même des Chiens du Mont-Dore.

Cette superbe race n'est pas décrite dans nos vieux traités de vénerie. La noblesse et l'antiquité de son origine sont cependant incontestables ; en considérant la taille haute et élancée des Saintongeois, leurs proportions élégantes, leur tête sèche et légère, la finesse de leur peau, on ne peut s'empêcher de penser qu'ils doivent avoir un degré de parenté très-proche avec les *Chiens blancs du roi*.

De l'union des deux races de Saintonge et de Gascogne étaient issus, au XVIII° siècle, les Chiens bleus dits *Foudras*, du nom de monseigneur de Foudras-Château-Thiers, évêque de Poitiers (de 1720 à 1773). Ce prélat chasseur, avait créé cette race dans le chenil de sa maison de campagne de Dissay, prés Poitiers.

Les Chiens Foudras, un peu bas sur jambes, légers de forme et nerveux, avaient le rein large, le fouet effilé et les oreilles minces et bien tournées ; leur peau était de couleur ardoisée, sous un poil blanc plus ou moins moucheté, ce qui les faisait paraître complétement bleus lorsqu'ils étaient mouillés.

Les derniers descendants en ligne directe des élèves de monseigneur de Foudras se sont éteints sous la Restauration, mais le mélange de races auquel ils devaient leur origine n'a jamais cessé de fournir des sujets excellents aux meutes du sud-ouest. C'est un croisement analogue où domine le sang de Saintonge, qui a donné naissance à la magnifique race de *Virelade*, supérieure comme beauté et comme vigueur à ses ascendants saintongeois et gascons.

Créée seulement depuis une douzaine d'années, cette race s'est placée immédiatement au premier rang de nos races françaises. Il est inutile de rappeler à tous ceux qui ont admiré à notre exposition la meute victorieuse de M. de Carayon Latour, la grande tournure de ces chiens, leur taille haute et élégante et la beauté de leur tête, aux oreilles longues et *tire-bouchonnées*.

On ne trouve aucun renseignement sur les *Chiens de race normande* avant le règne de Louis XIV. A cette époque, cette race fournissait de nombreux sujets à la vénerie royale, ce qui continua pendant une partie du règne suivant.

Leverrier de la Conterie, qui, en bon Normand, voit dans le Chien courant de son pays le véritable type de l'espèce, dit qu'il y avait de son temps, en Normandie, deux races vraiment pures, l'une de Chiens gris, fauves ou noirs, l'autre de Chiens blancs. Dans chacune de ces races, on trouvait de grands et de petits chiens.

D'Yauville écrivait dix ans après, que les Limiers qu'on tirait de Normandie pour le service de la vénerie royale étaient noirs, marqués de feu, avec du blanc sur la poitrine ou d'un gris tirant sur le brun. Comme ces chiens ressemblaient beaucoup à ceux qu'on voit représentés dans les anciens tableaux et les vieilles tapisseries, d'Yauville en concluait que ces Normands descendaient des Chiens noirs de Saint-Hubert et des Chiens gris de Saint-Louis. « Ce que je puis certifier, ajoute-t-il, c'est que la race existante est si ancienne, que les plus vieux veneurs, tant de Normandie que de ce pays-ci, disent que leurs anciens même n'en connaissaient pas l'origine. »

Les plus beaux des chiens de ces deux races normandes avaient la tête longue, le front ridé, les naseaux bien ouverts, les babines tombantes, l'oreille basse, mince, papillotée en dedans, l'œil gros, la paupière inférieure tombante, le *fanon de bœuf*, le corps long et robuste, le rein haut et arqué, la queue très-fine du bout et tournée en trompe, les cuisses bien gigotées, les pieds secs et pointus.

Les Chiens normands étaient lents, très-collés à la voie, avaient beaucoup de fond et belle gorge.

Les deux races dont parle Leverrier de la Conterie, ont fini par se confondre. Les Chiens tricolores, descendus de ce mélange, sont eux-mêmes devenus très-rares. Dès le règne de Louis XVI, il restait fort peu de chiens de pur sang normand, et l'ancienne race était, au dire d'Yauville, déjà dégénérée par suite de croisements avec les Chiens anglais. Aujourd'hui, on oserait à peine affirmer qu'il subsiste quelques individus isolés de la vieille race, qu'on puisse garantir entièrement purs de tout mélange.

Les Chiens normands pour lièvre descendaient de la race des *Chiens des Essarts* dont Sélincourt fait un grand éloge ; dès le XVIIe siècle, cette race de *petits Chiens fort beaux* qui chassaient de *si bonne grâce le balai haut*, était presque entièrement éteinte, ou s'était mêlée avec des *Harriers* anglais et des Briquets du pays.

Les nombreuses variétés de *Chiens du Poitou*, les *Chiens Céris* de l'Angoumois et du Limousin, quoique certainement d'antique et noble origine, ne sont même pas nommés par les anciens théreuticographes.

Les *Chiens du haut Poitou*, sous poil tricolore, de moyenne taille, à la tête busquée, à l'oreille médiocre, mince et soyeuse, au dos harpé, à la poitrine profonde, étaient d'excellents chiens de loup. Les plus estimés étaient les Chiens de Larye qui passaient pour avoir été amenés d'Écosse par la famille de ce nom. Ces chiens étaient devenus extrêmement rares au commencement de la Révolution. On raconte dans le pays qu'un gentilhomme poitevin, qui possédait le dernier couple de Chiens de Larye, ne pouvant se résoudre à les tuer en partant pour l'émigration, imagina de leur couper la queue et les oreilles. Les nobles animaux ainsi défigurés échappèrent à la tourmente, et leur maître, revenant d'émigration, put encore s'en servir pour propager la race, qui n'en est pas moins disparue aujourd'hui.

Les Chiens du bas Poitou étaient, en général, blancs et noirs, et se rapprochaient beaucoup des Chiens de Saintonge.

Les deux races ne subsistent plus guère que par les excellents bâtards qu'elles ont servi à former.

Les *Chiens Céris*, qui devaient aussi leur nom à une famille du pays, existaient encore en petit nombre, il y a quelques années, sur les confins du Poitou, de l'Angoumois et du Limousin.

De moyenne ou même de petite taille (20 pouces — 0^m,54 environ), blancs et orangés, bien faits, bien râblés, les Chiens Céris avaient la tête osseuse, le museau fin et allongé, l'oreille très-bien tournée, le jarret évidé, le pied de lièvre. Ils chassaient en perfection le lièvre et le loup.

Les Chiens courants que nous connaissons sous le nom de *Chiens d'Artois*, étaient connus anciennement sous celui de *Chiens picards* (le nom de Chiens d'Artois servait alors à désigner les Bassets). Ce sont les mêmes chiens dont la race était conservée au XVIIe siècle dans les nobles maisons de Gamaches et de Supplicourt en Picardie, chiens plus grands que les petits Normands, de poil gris et fauve, justes à la voie, requêtant merveilleusement, ayant de belles gorges et des voix *hautaines* qui se faisaient entendre d'extrêmement loin. Ils chassaient le loup comme le lièvre, et ne voulaient point du renard. Doués de la *gaillardise* des Chiens français et de la sagesse des anciens Chiens anglais, ils portaient le nez haut, et donnaient plus de plaisir dans un rapprocher que tous les autres chiens pendant une chasse entière (1).

Les Chiens d'Artois, assez nombreux encore aujourd'hui, sont presque tous croisés de normand ou d'anglais. Cette race est toujours excellente, surtout pour la chasse du lièvre, mais

(1) Sélincourt.

les Artésiens modernes, souvent tachés de noir ou tricolores, ne sont plus aussi bien suivis comme formes que leurs ancêtres, surtout dans l'arrière-train. Leur taille ne dépasse guère 18 à 20 pouces ($0^m,49$ à $0^m,54$).

En résumé, la plupart de nos vieilles races françaises commençaient, dès la fin du XVIIe siècle, à se confondre entre elles et à se mêler avec des chiens importés d'outre-Manche. « Depuis que les races angloises se sont confondües avec les françoises, disait Sélincourt en 1683, l'on n'y connoît plus rien, et ces belles races de chiens antiques se sont évanouïes, et de ces mélanges de races il n'en est resté que la curiosité du pelage. »

La Révolution acheva de faire disparaître plusieurs de ces types ; ceux qui existent encore ne comptent en général qu'un petit nombre d'individus isolés. Il n'y a plus guère de race française pure assez nombreuse pour former des meutes, que la race vendéenne, la race de Gascogne, celle de Saintonge et la race de Virelade, issue des deux précédentes. Les Poitevins, les Normands, les Artésiens, ne subsistent plus guère qu'à l'état de bâtards, marqués plus ou moins au cachet de leur origine française.

C'est du commencement du XVIIe siècle que date en France l'importation habituelle des Chiens courants de la Grande-Bretagne.

Henri IV reçut en présent, de Jacques Ier, roi d'Angleterre et d'Écosse, plusieurs meutes de Chiens courants.

Louis XIII mit dans ses équipages une meute de Chiens d'Écosse chassant le lièvre, que ses successeurs conservèrent jusque sous Louis XVI.

Les Chiens de lièvre anglais sont fort vantés par Ligniville, dont le *Traité de vénerie* fut écrit de 1602 à 1634, et par Jacques Savary (*Album Dianæ leporicidæ*, 1655).

Robert de Salnove (1655), Selincourt (1683), Gaffet de la Briffardière qui avait servi pendant quarante ans dans la vénerie royale sous Louis XIV et Louis XV, rendent témoignage de la vogue toujours croissante des Chiens anglais, non-seulement pour la chasse du lièvre, mais pour celle des grands animaux. Le dernier nous apprend que de son temps les meutes royales n'étaient plus composées que d'Anglais et de bâtards.

Tous reconnaissent des qualités à ces chiens, comme d'avoir du nez, de la docilité et de chasser avec ensemble. Ils leur reprochent unanimement d'être chiches de voix, trop lents dans les pays fourrés, trop vites dans les futaies et en débûcher, de ne pas bien battre les eaux et de ne chasser le plus souvent qu'à vue.

En 1764, sur 140 chiens dont la grande meute royale était composée, il y avait environ un quart de Chiens anglais de pur sang qui eussent été bons *s'ils avaient été plus faciles à réduire et à rendre sages.* C'est la première fois qu'on leur voit adresser ce reproche d'indocilité, si souvent répété depuis.

D'Yauville accorde de grandes qualités aux Chiens anglais. Ils sont fougueux et têtus dans leur jeunesse, mais quand ils sont dressés, on peut compter sur eux, tant pour la sagesse que pour les autres qualités nécessaires. Ils n'ont pas tant de noblesse que les beaux Chiens français, mais ils sont plus légers, plus vigoureux et savent mieux *prendre leur parti* et *se servir eux-mêmes.*

Il ajoute que depuis quelques années, la race de ces chiens s'était un peu modifiée, sans doute par suite de croisements avec les Chiens normands, et qu'ils étaient plus épais et plus traversés qu'autrefois.

Une conséquence naturelle de l'introduction en France du sang anglais fut la création de races intermédiaires.

Les Bâtards anglo-français composaient, dès la fin du règne de Louis XIV, une partie notable des meutes du roi. Gaffet de la Briffardière, qui constate ce fait, dit que les Bâtards sont mieux construits, qu'ils ont la menée beaucoup plus belle, et qu'ils chassent mieux que les Anglais de pur sang.

En 1722, le comte de Toulouse offrit au jeune Louis XV une meute de ces Bâtards anglais, bien vigoureux et bien chassants, dit d'Yauville, grand partisan de cette race intermédiaire.

Desgraviers, officier des chasses du prince de Conti, au commencement de la Révolution, déclare que les Bâtards conservent la vitesse des Chiens anglais et sont gorgés et collés à voie comme des Normands.

La grande majorité de nos meutes se compose aujourd'hui de Chiens anglo-français dont il s'est formé, dans nos provinces, plusieurs sous-races fort estimables, anglo-vendéens, anglo-poitevins, anglo-saintongeois, anglo-normands, etc., réunissant une bonne partie des qualités distinctives de leurs aïeux français à celles de leurs ascendants d'outre-Manche.

L'avenir leur appartient fatalement; quelques regrets que doivent nous inspirer nos vieilles races et malgré de généreux efforts, elles deviennent presque partout trop rares pour recruter des meutes nombreuses, et Saint-Simon, s'il revenait au monde, trouverait plus que jamais sujet de déclamer contre le règne des *Bâtards*.

Les chiens que nous allons chercher outre-mer avec tant d'empressement sont tous originaires du continent, et ont été importés dans la Grande-Bretagne par les Normands de Guillaume le Conquérant. Il est même assez curieux que ce soit en Angleterre qu'on retrouve aujourd'hui les descendants les plus authentiques de nos races perdues.

Les Chiens courants les plus anciennement connus dans cette île sont les *Talbots*, qui tiraient probablement leur nom de la grande famille des lords Talbot (comme on disait en France, au XVIᵉ siècle, les Chiens de la Loue ou de la Hunaudaye).

Les Talbots, dont la race est entièrement éteinte depuis longues années, présentaient tous les signes distinctifs de nos plus vieilles races. Ils étaient admirablement gorgés, très-lents et très-collés à la voie. Leur pelage était entièrement blanc, noir marqué de feu ou fauve.

A ces traits, il est facile de reconnaître que les Talbots descendaient des trois races de chiens les plus estimées en France, à l'époque de la conquête, les Chiens noirs et les Chiens blancs de Saint-Hubert, les Chiens fauves de Bretagne.

Du croisement des diverses variétés des Talbots entre elles

sortirent les *vieux Chiens du sud* ou *Chiens lents* (*old southern Hounds, slow Hounds*). Leur robe était parfois tricolore, le plus souvent blanche marquetée de noir ou de fauve ; ayant la même origine que nos Chiens normands, ils présentaient avec eux la plus grande analogie.

Ces Chiens du sud étaient en honneur au XVIIe siècle. Ceux qu'on importait le plus souvent en France appartenaient à une variété nommée, en anglais, *Boobies* (Nigauds) et en vieux français, *Boubis* ou *Boubez*, « plus bas de terre et plus longs que les autres, de gorge effroyable, hurlant sur la voie » (Selincourt). Ces *Boubis* avaient le *nez dur* et le poil demi-barbet ; on leur coupait presque toute la queue. Sur le continent, on les employait à chasser le sanglier. Dans leur pays natal, ils chassaient le renard et le lièvre.

Des Talbots sont également issus les Limiers anglais ou *Chiens de sang* (*Bloodhounds*), fort recherchés, en France, sous Henri III, et dont les rares descendants ont reconquis depuis quelques années, en Angleterre, une valeur considérable.

Choisis, à cause de la nuance foncée de leur poil, parmi les Talbots noirs ou fauves pour servir de limiers ou pour suivre, à la trace du sang, un animal blessé, ces chiens ont fait souche à part. La finesse de leur odorat les fit souvent mettre en usage pour trouver la piste des braconniers et des malfaiteurs, ce qui leur a valu une réputation quelque peu effrayante. Il n'y a pas plus d'une soixantaine d'années qu'une société, formée dans le Northamptonshire pour la répression du brigandage, avait fait dresser un *Bloodhound* pour découvrir les voleurs de moutons.

Les Bloodhounds sont noirs, marqués de feu ou plus rarement fauves, marquetés de petites taches blanches, comme un daim. Leur aspect général présente la plus grande analogie avec celui des Chiens de Gascogne de la vieille race. Cette ressemblance a frappé immédiatement tous les Anglais qui ont vu l'exposition en connaisseurs, et c'est un argument décisif en faveur de l'opinion qui fait descendre du Chien de Saint-Hubert les Chiens gascons comme les *Bloodhounds* noirs.

Naturellement hurleurs comme beaucoup de nos vieux Chiens français, les Bloodhounds sont devenus chiches de voix, par suite de l'éducation que leur race a reçue pendant plusieurs siècles.

Probablement nés d'un croisement entre les Talbots et les Lévriers d'Écosse à poil rude, la race des *Chiens du nord* ou *Chiens vites* (*northern Hounds, fleet Hounds*) était connue, en France, dès le commencement du règne de Louis XIV. C'était celle qu'on importait le plus souvent chez nous.

Par de nouveaux croisements avec le Lévrier et peut-être avec des Terriers de grande taille, les Chiens du nord ont donné naissance au *Foxhound* moderne, chien encore plus léger et plus vite, mais ayant conservé avec eux une grande similitude.

« Grêles, agiles, semblables à de grands Lévriers, flanc harpé, museau allongé, oreille pointue, pied de chat, les Chiens du nord sont tout nerfs et très-rapides, ils ont la voix claire, et chassent tout de meute à mort. »

C'est en ces termes que les dépeint Jacques Savary, dans son poëme latin sur la *Chasse du lièvre*.

Les Chiens du nord criaient peu ; leur voix, suivant l'expression d'un vieil auteur anglais, n'avait qu'une *petite douceur claire* et manquait d'*ampleur* et de *musique solennelle* (Markham).

Cette race s'est entièrement fondue dans celle des *Foxhounds*.

L'ancienne race des *Chiens de parc et de cerf* (*Parkhounds, Staghounds*), ou race royale anglaise, parait devoir son origine aux Chiens du nord alliés avec ceux du sud. Ils ressemblaient beaucoup à ces derniers, quoique plus vites d'allures, plus légers de formes et plus hauts sur jambes, et rappelaient aussi, d'une manière frappante, nos Chiens blancs français. Leur taille était de 24 à 25 pouces (0^m,65 à 0^m,67).

Ces chiens, dont on faisait en France un cas particulier, étaient déjà rares du temps de d'Yauville. Il n'en existe plus aujourd'hui. Les *Staghounds* de la reine d'Angleterre ne sont que des *Foxhounds* de grande taille.

Tous les Chiens courants de petite stature employés à courre le lièvre, étaient autrefois compris en Angleterre sous le nom de *Beagles*, ou *Bigles*, suivant l'orthographe française.

Bloome, auteur anglais, qui écrivait en 1650, en décrit trois variétés : 1° les Beagles du sud (*southern Beagles*), semblables aux grands Chiens du sud, mais plus petits et plus râblés ;

2° Les Beagles du nord (*northern Beagles*), appelés aussi *Cat-beagles*, plus vites et de moyenne taille ;

3° Les petits Beagles.

La première de ces variétés, connue au siècle dernier sous le nom de *Harriers*, était fort recherchée, en France, dès le commencement du XVII° siècle. Leur taille ne dépassait pas 18 pouces anglais ($0^m,45$), leur robe était blanche et noire ; on faisait, en Angleterre, un cas particulier de la *mélodie délicieuse* de leur voix.

Les petits Beagles atteignaient rarement une taille de 14 pouces anglais ($0^m,35$). L'estime qu'on professait pour eux était en raison inverse de leur grandeur. Richardson dit en avoir vu qui n'avaient que 7 pouces ($0^m,17$) de hauteur à l'épaule. La reine Élisabeth possédait de ces petits Chiens qu'on nommait *Beagles chanteurs* (*singing Beagles*), à cause de leur voix mélodieuse et de leurs *plaisants hurlements*. Ils étaient si petits, qu'on pouvait en mettre un dans un de ces grands gants que les hommes portaient alors. Il n'était pas rare de renfermer toute une meute de Beagles dans une paire de paniers, pour les conduire à la chasse sur un cheval de bât.

« Les petits *Bigles anglais*, dit Selincourt, sont de très-jolis Chiens pour le Lièvre. » Il se plaint seulement que les Anglais leur coupent la queue comme à des Braques.

Les Beagles étaient fréquemment importés en France avant la Révolution. Sous le règne de Louis XVI, le comte de Roncherolles avait introduit cette jolie race en basse Normandie, où elle a cessé d'exister pure depuis longtemps.

Il y a encore en Angleterre des Beagles à poil ras et à poil rude. Leur apparence est celle d'un Chien du sud ou d'un de nos vieux Chiens français en miniature. Très-bien gorgés, très-collés à la voie, ils rapprochent parfaitement.

Les anciens *Harriers* se sont éteints en Angleterre; on donne aujourd'hui ce nom à de petits *Foxhounds*.

Outre ces diverses races de Chiens courants, les Anglais ont possédé autrefois des Chiens à poil rude, destinés exclusivement à chasser la loutre (*Otterhounds*). Ces Chiens, qui paraissent n'avoir jamais été importés en France, ont cessé d'exister. On chasse aujourd'hui la loutre avec le Terrier de l'île de Skye.

§ 2. — *Chiens courants de races secondaires. — Brachets, Briquets, Bassets, Terriers.*

Dès les temps les plus reculés, on trouve souvent mentionnés, dans nos vieux auteurs, des Chiens nommés *Bracons*, *Braquets* ou *Brachets* (en latin barbare *Braccones*, en langue germanique *Bracken*).

Au XIIIe et au XIVe siècle, les *Brachets* étaient employés à mettre sur pied *à la billebaude* les animaux qu'on dédaignait de détourner avec le Limier, ceux qu'on voulait faire coiffer par des Lévriers ou des Alans, ceux qu'on voulait tirer avec l'arc ou l'arbalète. Les archers emmenaient aussi en laisse des Brachets qui suivaient l'animal blessé. On donnait à ces derniers le nom de *Chiens pour le sang*.

Aucun de nos anciens théreuticographes n'a donné la description du Brachet. Des passages nombreux où ce Chien est cité dans les romans de chevalerie, on peut induire que c'était un Chien courant de moyenne ou de petite taille, très-lent, très-collé à la voie, criant d'un ton bas et lamentable, comme nos petits Hurleurs et rapprochant à merveille.

A partir du XVe siècle, il n'est plus question de Brachets, mais on voit paraître les *Braques*, qui sont une variété de Brachets ou *Braquets*, dressés à arrêter le gibier, et des *Briquets* qui nous rendent encore les mêmes services que les Brachets rendaient à nos ancêtres.

Le plus ancien auteur où nous ayons trouvé le nom de *Briquet* employé pour désigner un Chien courant, est M. de Maricourt, qui, dans son *Traité de la chasse du lièvre et du chevreuil*, écrit en 1627, dit que « le propre des Briquets est de courre le *connil* (lapin), et qu'ils ne peuvent s'assujettir à courre un lièvre pendant longtemps » (1).

Les Briquets de Normandie, ceux de la Haute-Marne, du Morvan, de Gascogne, des Vosges, sont encore assez estimés, surtout ceux à poil rude; mais, en général, toute cette classe de Chiens est trop mâtinée pour qu'on puisse en fixer les caractères distinctifs.

L'usage de faire poursuivre les renards et les blaireaux dans leurs asiles souterrains par des Chiens à pattes courtes, est fort ancien en France. Connus au temps des rois mérovingiens sous le nom de *Bibarhunt* ou Chiens à castor, ils le furent, au XIVe siècle, sous le nom de *Chiens terriers*, et plus tard, sous celui de *Chiens de terre*, de *Chiens d'Artois* et de *Bassets*.

Du Fouilloux explique le nom de Chiens d'Artois en nous apprenant que c'était cette province et les pays voisins qui avaient produit originairement la race des Bassets. Sélincourt leur attribue la même origine. On en connaissait deux variétés dès le XVIe siècle : les Bassets à jambes torses, *communément à court poil, mordaces*, et ayant deux rangées de dents comme les loups, les Bassets à jambes droites qui étaient *volontiers à gros poil, comme Barbets*, de couleur noire, avec la queue en trompe.

Leverrier de la Conterie dit que les Bassets à jambes droites venaient de Flandre, et ceux à jambes torses d'Artois. Il préférait de beaucoup ceux-ci, courageux, de *grande entreprise en terre*, longs de corsage et bien coiffés. Les Flamands, plus vites, étaient souvent *mauvais crieurs* et *bricoleurs*. Cependant, comme l'avait déjà dit du Fouilloux, il y en avait de bons et de mauvais des deux espèces.

Les Bassets à jambes droites ont de plus l'avantage de servir à tout, parce qu'ils *se ruent à deux métiers*, chassant sur terre comme des Chiens courants et entrant dans les terriers *de grande fureur et hardiesse*, quoiqu'ils y restent moins longtemps que les autres (2).

(1) On appelait aussi, et l'on appelle encore *Corniaux*, de méchants briquets mâtinés.

(2) Du Fouilloux. — Sélincourt.

De nos jours, on élève dans toute la France des Bassets à jambes droites et à jambes torses. Ils ne servent plus d'ordinaire qu'à la chasse au fusil ; admirables pour la chasse du lapin, qui est leur métier le plus habituel, ils poursuivent à l'occasion le renard, le lièvre et le chevreuil qui s'amusent devant eux, et donnent au chasseur plus de facilité pour les ajuster que s'ils étaient poussés par des Chiens de grand pied.

Pour déterrer le renard et le blaireau, les Bassets ont été remplacés par des Terriers anglais (1) et des *Bull-terriers* de petite taille, qui sont encore plus ardents, plus adroits et plus courageux. On a vu souvent des Bull-terriers pesant moins de 4 kilogrammes prendre des renardeaux ou des jeunes blaireaux gueule dans gueule, et les arracher du fond de leur repaire.

Dans quelques provinces, des industriels vont de ferme en ferme chasser les fouines et les putois dans les greniers, avec des petits Chiens n'ayant aucun caractère de race spécial, mais très-hardis, très-intelligents et d'une agilité merveilleuse, qui vont relancer ces bêtes nuisibles et rusées sous les fourrages, sous les bourrées, les poursuivent le long des poutres et sur les toits, et les forcent de se montrer au chasseur, embusqué le fusil à la main.

Un lieutenant de louveterie du département de la Nièvre possédait, il y a quelques années, et possède peut-être encore, un équipage de 20 Chiens avec lesquels il chassait la martre dans les forêts de ce département, où l'on peut encore trouver assez fréquemment cet animal, devenu très-rare dans le reste de la France. Je regrette de n'avoir aucun renseignement sur la race à laquelle appartiennent ces Chiens (2).

IV. — CHIENS D'ARRÊT.

Longtemps avant l'invention des armes à feu, on se servait de Chiens d'arrêt pour trouver et faire partir le gibier qu'on

(1) Au XVe siècle, les ducs de Bourgogne avaient dans leurs équipages de chasse des *petits chiens anglais* qui étaient probablement des Terriers.

(2) Je dois la connaissance de ce fait curieux à M. le comte Le Couteulx.

voulait chasser au faucon. Au moyen âge, on donnait à ces Chiens le nom de *Chiens d'Oisel*. Ils étaient de plus dressés à arrêter les cailles et les perdrix qu'on voulait prendre au filet, et à rapporter les oiseaux aquatiques blessés par le faucon, lorsqu'ils cherchaient à s'échapper en plongeant.

Plus tard, on employa les Chiens d'arrêt pour chasser avec l'arquebuse. Comme la grossièreté de cette arme à feu empêchait de tirer le gibier autrement que posé, les Chiens devaient arrêter très-ferme, ce qu'ils faisaient presque toujours en se couchant sur le ventre. De là le terme de *Chiens couchants*.

Quand le perfectionnement des armes à feu et l'invention du menu plomb permirent de tirer les oiseaux au vol, il ne fut plus besoin de tant de fermeté dans l'arrêt, et la plupart des chasseurs se contentèrent de *Choupilles* qui quêtaient bien à commandement et marquaient seulement le gibier. Cependant on ne renonça jamais à l'usage des Chiens fermes.

La chasse au Chien couchant, devenue très-meurtrière, avait fait prendre cette sorte de Chien en haine à nos rois, qui firent tous leurs efforts pour en détruire la race partout ailleurs que chez eux-mêmes et chez quelques chasseurs privilégiés.

L'ordonnance de 1578, celles de 1600, 1601 et 1607 condamnent absolument cette chasse, ordonnent de mettre à mort en tous lieux les Chiens couchants, et prononcent, en cas de contravention, des peines pécuniaires qui vont se doublant et se triplant, s'il y a récidive, et auxquelles s'ajoutent, pour les délinquants roturiers, les verges et le bannissement.

L'ordonnance des eaux et forêts de 1669, qui fit loi sur le fait des chasses jusqu'à la Révolution, ne punit plus la chasse aux Chiens couchants que de l'amende et du bannissement, ce qui était encore plus que rigoureux. « La pluspart, dit à ce sujet un commentateur du temps, s'imaginent qu'on ne peut aller à la chasse sans ces sortes de Chiens couchants, c'est ce qui est étroitement et expressément défendu par cet article, parce que c'est chasse cuisinière. »

A la fin du XVIII° siècle, cette chasse était tolérée, sans avoir jamais été permise régulièrement.

En ce qui les concernait personnellement, les rois de France avaient, au contraire, pour les Chiens d'arrêt, une affection toute particulière.

En 1596, au milieu des préoccupations de la guerre civile, Henri IV écrit à *son compère*, le connétable de Montmorency, pour le prévenir qu'il a égaré son *petit Griffon moucheté à deux nez*. Il prie le connétable de le faire chercher, et de le renvoyer aussitôt, s'il le trouve.

Louis XIV se plaisait à distribuer chaque jour de sa main, à ses Épagneuls favoris, les sept biscuits que le pâtissier de la cour était tenu de leur fournir. Il dressait lui-même ses Chiens couchants, et faisait admirer leurs talents aux courtisans qui le suivaient à la chasse.

Lorsque M. de Contades fut fait major du régiment des gardes, le duc de Saint-Simon prétendit qu'il devait cet avancement à des présents de Chiennes couchantes fort bien dressées, que son père avait envoyées au roi (1).

Louis XV, au sortir de son dîner, recevait chaque jour du premier maître d'hôtel deux cornets de gimblettes qu'il distribuait à ses Chiens d'arrêt. Quand le grand maître de France était présent, c'était lui, qui en vertu des priviléges de sa charge, présentait les gimblettes.

§ 1. — *Épagneuls.*

Parmi les Chiens couchants, les plus anciennement connus sont les Épagneuls, dont le nom indique l'origine. Gaston Phœbus décrit les *Espainholz* du XIVe siècle, comme ayant « grosse teste et grant corps et bel, de poil blanc ou tavelé avec la queue *espesse* ». Ils aimaient leur maître et le suivaient fidèlement, mais on leur reprochait d'être *rioteurs* (querelleurs) et grands aboyeurs. Le comte de Foix, qui haïssait ses

---

(1) Louis XIV composa un jour en l'honneur de sa chienne d'arrêt le quatrain suivant :

> Le conseil à ses yeux a beau se présenter,
> Sitôt qu'il voit sa chienne, il quitte tout pour elle,
> Rien ne peut l'arrêter
> Quand la chasse l'appelle.

voisins d'au delà des Pyrénées, prétend que les *Espainholz* tirent leurs défauts *de la malvèse génération d'où ils viennent*.

Louis XI tirait des *Espaigneux* de Bretagne ; Charles, duc d'Orléans, avait deux Épagneuls nommés *Briquet* et *Diamant*, qu'il aimait fort. Il a composé, en l'honneur du premier, un *rondel*, où il célèbre sa fidélité et les services qu'il a rendus *en déduit de gibier*.

Au XVIᵉ siècle, on recherchait encore les Épagneuls de poil moucheté, à queue *espiée* ; cependant M. de Bourdeille, père du chroniqueur Brantôme, en avait de *tout noirs comme taupes*, les plus beaux, les plus grands et les meilleurs Épagneuls qu'on eût su voir.

D'Arcussia, dans son *Traité de fauconnerie*, fait aussi l'éloge des Épagneuls noirs dont il se servait.

Caïus, dans son opuscule sur les Chiens de la Grande-Bretagne (1570), dit que de son temps les Épagneuls anglais étaient généralement blancs, marqués de grandes taches rousses ; les roux et les noirs étaient fort rares. Depuis peu, on en importait de France dont le pelage était marqué de taches confuses sur un fond blanc ; on donnait à ceux-ci le nom d'*Épagneuls français*.

Dans le poëme en langue latine que le président de Thou publia en 1584 sur la fauconnerie, on trouve la description des Épagneuls que l'on tirait alors d'Angleterre et d'Écosse. Ils étaient surtout remarquables par une longue barbe qui leur tombait sur le poitrail (1).

Les Épagneuls peints par Desportes sont de moyenne ou même de petite taille, très-fins, leur robe, d'un blanc soyeux, est marquée de brun ou de fauve, leur queue est rasée, sauf un bouquet réservé à l'extrémité.

---

(1) Cette race d'Épagneuls barbus a cessé d'exister en Angleterre comme en France. On lit à ce sujet dans Buffon : « M. Aubry nous a dit avoir vu, il y a plusieurs années, un Chien de la grandeur d'un Épagneul de la moyenne espèce qui avait de longs poils et une grande barbe au menton. Ce chien provenait de parents de même race qui avaient autrefois été donnés à Louis IX par M. le comte de Toulouse. M. le comte de Lassai eut aussi de ces mêmes chiens, mais on ignore ce que cette race singulière est devenue. »

On recherchait, en France, au XVIIIe siècle, les Épagneuls
noirs anglais, qu'on nommait *grands* et *petits Gredins*.
D'autres petits Épagneuls noirs, marqués de feu, appelés alors
Pyrames, n'étaient autres que ces charmants *King-Charles*,
si haut prisés aujourd'hui (1).

On se servait encore, pour la chasse au marais, de l'Épagneul
d'eau anglais (*Waterspaniel*), au poil soyeux, épais et frisé,
de couleur marron. Du temps de Caïus, ces Chiens étaient
tondus en lion, comme nos Caniches (2).

De Thou parle de certains Épagneuls de marais, aux oreilles
velues, au pelage crépu, mais sans barbe et sans poils hérissés
sur les yeux, que fournissaient à la France la Flandre et le
pays de Namur.

D'autres chiens semblables à ceux-ci, mais de plus petite
taille, chassaient en plaine et battaient les buissons.

Le vieux Épagneul français, aux grandes taches brunes,
accompagnées de nombreuses mouchetures grises sur un
fond blanc, est devenu fort rare depuis quelques années;
presque tous les Épagneuls dont on se sert en France sont
d'origine anglaise ou croisés d'anglais.

Les Braques, issus, suivant toute apparence, d'une race de
Braquets dressés à arrêter, ne sont guère mentionnés comme
Chiens couchants avant le XVIe siècle (3).

Le duc François de Guise écrivait, en 1540, au connétable
de Montmorency : « Afin que vostre tiercelet ne faille à trouver la perdrix, je vous envoye un jeune braque pour l'y
aider (4). »

Dans les gravures de Galle et Stradan, qui sont de la fin

(1) Buffon. — Ces petits Épagneuls chassaient parfois le lapin dans les parcs.
Un tableau de Desportes, au Musée, représente deux King-Charles se livrant
à cet exercice.

(2) Caïus. — Richardson.

(3) La plus ancienne mention que nous trouvions de ces Chiens est celle
de la *Braque d'Italie*, qui donna le jour aux Chiens grefliers. On ne sait
pas si cette chienne était dressée à l'arrêt ou si elle chassait à la manière des
Braquets.

(4) *Histoire des ducs de Guise*, t. I.

du siècle, on voit un Braque arrêtant des perdrix qu'on va *tirasser* (1).

Aldrovande, naturaliste italien, dans un ouvrage publié au commencement du XVIIe siècle, a décrit en ces termes les Braques de son pays : « Le Chien d'arrêt, vulgairement nommé *Braque*, peut être de couleur uniforme ou variée, peu importe. En Italie, on les choisit variés et semblables à un lynx moucheté. Cependant les noirs, les blancs et les fauves ne sont pas à mépriser. »

En France, ces Braques mouchetés, qui furent en estime dès le XVIe siècle (2), étaient désignés, je ne sais pourquoi, sous le nom de *Braques du Bengale* (3).

On faisait grand cas, du temps de Selincourt, de Braques d'Espagne qui arrêtaient tout et chassaient de *haut nez*. Ces Braques, tout à fait semblables au vieux Braque français, étaient de très-haute taille et de formes robustes (4), avec la tête grosse, les oreilles longues, le museau carré, le nez gros, les lèvres pendantes, le cou épais, les pattes longues et fortes. Leur pelage était ras, ordinairement blanc, avec de grandes taches brunes. Ceux qui étaient de race pure avaient deux nez. Parmi les Braques français, qui présentaient parfois cette particularité d'organisation, on trouvait souvent des chiens dont la robe était couverte de taches grises confuses et serrées.

Tous ces Braques, français et espagnols, avaient l'arrêt extrêmement ferme et supportaient bien la chaleur, qui accable promptement les Chiens à long poil.

Les Braques dont Desportes et Oudry ont transmis les portraits à la postérité différaient de ceux que nous venons de décrire. Plus fins, plus élancés, avec de jolies têtes mutines,

---

(1) *Venationes ferarum*, etc., *dep. a D. Stradano, ed. a Ph. Gallœo*. — Blaise de Vigenère parle des *Braques* du Grand Turc. — D'Arcussia dit que les *Bracqs* sont de même nature que les Griffons, et *encore plus goulus de tous*.

(2) Voyez du Fouilloux et de Thou.

(3) Buffon.

(4) Richardson. — Quelques-uns de ces Braques avaient jusqu'à 80 centimètres de hauteur.

presque entièrement blancs de pelage, ils avaient avec les *Chiens blancs du roi* un air de parenté que ceux-ci devaient probablement à leur grand'mère la *Braque blanche et fauve d'Italie*.

Ces anciennes races sont devenues rares parmi nous, par suite de la vogue excessive des *Pointers* (1) importés en grande quantité depuis une quarantaine d'années, et dont on a tiré une foule de croisements plus ou moins heureux. La belle et bonne race des Braques Dupuy (2) ne paraît pas être elle-même entièrement exempte de ce mélange.

Le vieux Braque anglais (*old English Pointer*), tel qu'on le trouve représenté dans les gravures du commencement de ce siècle, avait la plus grande analogie de formes avec les Braques espagnols et français. Sa manière de chasser était aussi la même. Les auteurs indigènes le croient issu du premier de ces chiens. En employant un croisement de *Foxhound*, on arriva à raffiner ces Braques et à créer une race de Pointers très-élégants, hauts sur jambes, levrettés et un peu grêles. Il y en avait dont la robe était entièrement noire, fauve ou marron. D'autres étaient blancs, marqués de fauve. Ces chiens avaient une quête très-brillante et beaucoup de nez, mais étaient souvent indociles et coureurs, et chassaient très-loin. Ils firent fureur en France il y a trente ou quarante ans. De quelques-uns de ces Pointers importés vers 1818 ou 1820, et provenant, dit-on, d'une race appartenant au duc de Wellington, sont sortis les Braques blancs et orangés, dits de Charles X, de Saint-Germain et de Compiègne, si répandus aujourd'hui dans notre pays. Les Pointers de ce type ont presque entièrement absorbé nos races indigènes, et, chose remarquable, ils sont depuis quelques années entièrement passés de mode dans la Grande-Bretagne. On leur a substitué ces chiens marrons ou marrons et blancs, trapus,

---

(1) Le mot *Pointer* exprime un chien qui arrête le nez haut : cependant l'usage en Angleterre et en France l'a restreint presque uniquement aux chiens à poil ras que nous nommons *Braques*.

(2) Ces chiens tirent leur nom de celui qui les a élevés le premier, et non de la ville du Puy.

membrés, au large poitrail, à la tête carrée, que nous avons vus avec étonnement représenter à l'exposition la classe des Pointers anglais, et qui reproduisent complètement le type du Pointer primitif et du vieux Braque français, son proche parent.

Sous le nom de *Barbets*, on confondait au XVIe siècle tous les chiens à long poil, Griffons courants, Griffons d'arrêt et Chiens couchants à toison frisée, connus aujourd'hui sous le nom de *Caniches*.

Ces derniers, très-fréquemment employés à la chasse des oiseaux aquatiques, étaient alors désignés par le nom de *Chiens cane*. Le nom de *Caniche* s'appliquait spécialement à la femelle (1).

« Les Barbets frisés et à demi-poil, dit Selincourt, suivent tout par le pied, chassent le nez bas quand le gibier fuit, et, quand il demeure, chassent le nez haut, et l'arrêtent. Ils chassent sur terre et dans l'eau ; leur principale nature est de rapporter. Ils sont rudes au gibier, les frisés plus que les autres, mais tous sont les plus fidèles chiens du monde et qui ne veulent connaître qu'un maître et ne le jamais perdre de veüe. »

Il y avait de très-grands Barbets, dont le poil, quoique frisé, était moins laineux que celui des Caniches. Ces derniers ont cessé d'être employés à la chasse, et l'on a cultivé de préférence leurs talents d'agrément et leur aptitude au jeu de dominos (2).

Ces chiens sont d'origine française, témoin le nom de *French Poodles* que leur donnent les Anglais.

Les Vaudois qui habitaient le versant piémontais des Alpes étaient autrefois connus sous le nom de *Barbets*, et les montagnards du versant dauphinois sous celui de *Griffons*. Par une singulière coïncidence, ce dernier nom a été appliqué à une espèce de chiens voisine des Chiens *barbets*, probablement parce qu'ils venaient originairement du pays des *Griffons de montagne*. Selincourt nous apprend en effet que

(1) Henri IV aimait à chasser le canard avec des Barbets (*Mém. de Sully*).

(2) Le petit Barbet de Buffon n'était qu'un chien d'agrément.

les meilleurs Chiens griffons venaient d'Italie et de Piémont.

Ce nom, donné aujourd'hui à tous les chiens dont le poil est long, rude et droit, s'appliquait dès le temps de Henri IV à des Chiens d'arrêt. Les Griffons à deux nez étaient dès lors estimés.

D'Arcussia a fait l'éloge des Griffons pour la chasse aux perdrix. Il prétend qu'en hiver ils craignent le froid et l'humidité, ce qui est contraire à toutes les observations modernes.

Les Griffons d'arrêt sont encore haut prisés aujourd'hui, et l'exposition en a fait voir de très-beaux spécimens. Robustes, épais, d'une physionomie rude et sauvage, ils ont le poil fauve ou mélangé de gris, de noir et de blanc sale. Ils sont très-courageux, très-intelligents, mais difficiles à dresser, surtout au rapport. « Les Griffons chassent le nez haut, arrêtent tout, et chassent aussi le nez bas et suivent par le pied » (Selincourt) (1).

Les Anglais, qui ne veulent pas mettre au rapport leurs Chiens d'arrêt, *Setters* et *Pointers*, se servent, pour aller chercher le gibier tué ou blessé, de chiens qu'ils nomment *Retrievers*. Ce sont des Épagneuls d'eau, des petits Terre-Neuve ou des chiens issus d'un croisement entre ces deux races. Nous avons pu en voir de très-beaux à l'exposition.

En France, à tort ou à raison, on préfère avoir des chiens qui arrêtent et rapportent. Je ne trouve pas trace de chiens spécialement affectés à ce dernier service, sauf certains *Dogues* fort laids, mais fort courageux, envoyés par le prince d'Orange à Louis XIII. Ces chiens, écrit au roi le baron de Charnacé, son envoyé à la Haye, se précipitent sans marchander d'une grande hauteur après un canard, et ne sortent pas de l'eau qu'ils ne l'aient pris (2).

Dès le temps de Gaston Phœbus, nos aïeux tenaient beaucoup à avoir des chiens d'arrêt bien dressés au rapport, quelle que fût leur race, et la plupart des chasseurs français ont conservé cette manière de voir.

(1) Certains Chiens d'arrêt, nommés *Bouffes*, au poil à demi-frisé, viennent, suivant Buffon, d'un croisement entre Épagneul et Barbet.

(2) Correspondance du baron de Charnacé (*Journal des chasseurs*, 10ᵉ année).

CATALOGUE DES DIVERSES RACES DE CHIENS [1]
ET DES PRIX DÉCERNÉS.

---

(220) PREMIÈRE CATÉGORIE. — Chiens d'utilité.

Prix d'honneur de 500 francs, donné par S. A. le Prince impérial.

Ex æquo. { M. JANET, Chienne de berger à long poil (*Charmante*), 250 fr.
{ M. COUPEUX, Chienne grand Danois de garde (*Lisbonne*), 250 fr.

(13)   1re CLASSE. — Chiens de berger.

Chien de Brie et autres Chiens de berger français.

1er PRIX : Médaille d'or de 100 francs, donnée par la ville de Paris. — M. JANET, Chienne de berger à long poil (*Charmante*).

2e PRIX : Médaille d'or de 100 francs, donnée par la ville de Paris. — M. MURAT, Chien de bœufs (*Brisach*).

3e PRIX : Médaille d'argent, donnée par S. Exc. le Ministre de l'agriculture et du commerce. — M. NERMEL, Chien de berger français (*Caporal*).

4e PRIX : Médaille de bronze. — M. MILON, Chien de berger français (*Libertin*).

5e PRIX : Mention honorable. — M. VAUDEQUIN, Chien de berger français (*Simon*).

6e PRIX : Mention honorable. — M. REBOUL, Chien de berger (*Mouton*).

(3)   2e CLASSE. — Chiens de berger étrangers.

* Chiens de berger allemands.	Chiens de berger écossais (Colly).
* — anglais.	— russes, etc.

Pas de 1er Prix.

2e PRIX : Médaille d'or, donnée par S. Exc. le Ministre de l'agriculture et du commerce. — M. ARTHUR (Thomas), Chien de berger écossais (*Hero*).

3e PRIX : Médaille d'argent. — M. CROMMEZ, Chien de berger de Crimée (*Popoff*).

(25)   3e CLASSE. — Chiens de garde.

(Servant à la défense de l'homme et à la conduite des troupeaux).

1re SOUS-CLASSE.

Chien des Pyrénées.	Mâtin français.
— du Saint-Bernard.	— espagnol.
* — de Léonberg.	* — écossais.
* — de la Camargue.	* — de Saint-Domingue.
— des Abruzzes.	* — du Mexique.
	* — breton, etc., etc.

1er PRIX : Médaille d'or de 200 francs, donnée par S. Exc. le Ministre des affaires étrangères, président de la Société impériale d'acclimatation et du Conseil de la Société du Jardin zoologique d'acclimatation. — M. HÉBERT (L. S.), Chien des Alpes (*Sultan*).

2e PRIX : Médaille d'or. — M. le comte d'OSMOND, Chien du mont St-Bernard.

---

(1) Dans cette liste, qui présente l'ensemble des différentes espèces ou variétés connues de la race canine, le signe * indique celles qui n'ont pas figuré à l'exposition, toutes les autres y étaient représentées. Les chiffres placés en face de la catégorie et de la classe indiquent le nombre des sujets exposés dans chacune d'elles.

2ᵉ PRIX : Médaille d'or, donnée par S. Exc. le Ministre de l'agriculture et du commerce. — M. de MONT-BLANC, Chien du mont Saint-Bernard (*Torrent*).

3ᵉ PRIX : Médaille d'argent, donnée par S. Exc. le Ministre de l'agriculture et du commerce. — M. LIOTARD, Chien des Alpes (*Jasot*).

4ᵉ PRIX : Médaille de bronze. — M. CHOUIPPE, Chien des Pyrénées (*Pacha*).

5ᵉ PRIX : Médaille de bronze. — M. PLOCH, Chien mâtin français (*Lion*).

6ᵉ PRIX : Mention honorable. — M. CHOUIPPE, Chien des Pyrénées (*Brahma*).

(42)   2ᵉ SOUS-CLASSE. — *Chiens de Terre-Neuve et du Labrador.*

Chien de Terre-Neuve noir à poil ras.	Chien de Terre-Neuve blanc et noir.
— — à poil frisé.	— du Labrador.

1ᵉʳ PRIX : Médaille d'or de 150 francs, donnée par la ville de Paris. — M. CHAIX, Chien de Terre-Neuve (*Diamant*).

2ᵉ PRIX : Médaille d'argent de 75 francs, donnée par la ville de Paris. — M. le duc de BRUNSWICK, Chienne du Labrador (*Grisette*).

3ᵉ PRIX : Médaille d'argent. — M. RAPP, Chien de Terre-Neuve (*Dragon*).

4ᵉ PRIX : Médaille d'argent. — M. DÉPAGNIAT, Chien de Terre-Neuve (*Lara*).

5ᵉ PRIX : Médaille de bronze. — M. KIRGENER DE PLANTA, Chien de Terre-Neuve, petite race (*Baltic*).

(4)   1ʳᵉ CLASSE. — **Chiens dogues** (Mastiff).

Grand Dogue de Bordeaux.	° Dogue du Tibet.
Dogue blanc et noir.	° — anglais à face noire (British Mastiff).
— espagnol.	
° — de Cuba.	Etc.

1ᵉʳ PRIX : Médaille d'or de 150 francs, donnée par la ville de Paris. — M. RANIGUE, Chien dogue bordelais (*Magenta*).

2ᵉ PRIX : Médaille d'argent de 75 francs. — M. RAVAUX, Chien dogue espagnol (*Pataud*).

(18)   5ᵉ CLASSE. — **Bull-dogs.**

Bull-dog bringé.	Bull-dog blanc.
— noir et blanc.	— jaune.

1ᵉʳ PRIX : Médaille d'or de 100 francs, donnée par la ville de Paris. — M. PETIT (Charles), Chien bull-dog (*Skidam*).

2ᵉ PRIX : Médaille d'argent de 60 francs. — M. JOLLIVET, Chien bull-dog bringé (*Bull*).

3ᵉ PRIX : Médaille d'argent. — M. MATHIEU, Chien bull-terrier (*Fox*).

4ᵉ PRIX : Médaille d'argent. — M. le marquis de PRÉAULX, Chien bull-dog bringé (*Box*).

5ᵉ PRIX : Médaille d'argent. — M. VRILLOTE, Chien bull-dog (*Stop*).

6ᵉ PRIX : Médaille d'argent. — M. BROUVET, Chienne bull-dog (*Lisette*).

7ᵉ PRIX : Médaille d'argent. — M. LE COUTEULX DE CANTELEU, Chien bull-dog bringé (*Spot*).

8ᵉ PRIX : Médaille de bronze. — M. MACQUART, Chienne bull-terrier (*Lisbonne*).

9ᵉ PRIX : Médaille de bronze. — M. DUHAMEL, Chien bull-terrier (*Nicolas*).

10ᵉ PRIX : Médaille de bronze. — M. GONNEVILLE, Chien bull-dog bringé (*Médor*).

11ᵉ PRIX : Médaille de bronze. — M. le comte de SAINT-MARTIN, Chienne bull-terrier (*Trim*).

(54) 6ᵉ CLASSE. — Bull-terriers.
(Rattiers.)

1ʳᵉ SOUS-CLASSE. — *Bull-terriers au-dessus du poids de 5 kilos.*

Bull-terrier bringé.	Bull-terrier fauve.
— blanc.	— noir, etc.

1ᵉʳ PRIX : Médaille d'argent de 75 francs et le portrait offert par M. Rousseau. — M. d'ONSEMBRAY, Chienne bull-terrier (*Rose*).

2ᵉ PRIX : Médaille d'argent de 50 francs. — M. PALANT (James), Chienne bull-terrier (*Bess*).

3ᵉ PRIX : Médaille d'argent. — M. DELFORGE, Chien bull-terrier (*Ronton*).

4ᵉ PRIX : Médaille d'argent. — M. BAÏER, Chienne bull-terrier bringé (*Cartouche*).

5ᵉ PRIX : Médaille d'argent. — M. MILLERET D'OMIRECOURT, Chien bull-terrier (*Mastoquet*).

6ᵉ PRIX : Médaille de bronze. — M. NARCISSE JUDE, Chien bull-terrier (*Fifi*).

2ᵉ SOUS-CLASSE. — *Bull-terriers au-dessous du poids de 5 kilos.*

Bull-terrier bringé.	Bull-terrier blanc.
Bull-terrier noir.	

1ᵉʳ PRIX : Médaille d'argent de 75 francs. — M. JOUSSARD (Julien), Chienne bull-terrier (*Rigolette*).

2ᵉ PRIX : Médaille d'argent de 50 francs. — M. COUPEUX, Chien bull-terrier.

3ᵉ PRIX : Médaille d'argent. — DENNE, Chienne bull-terrier blanche.

4ᵉ PRIX : Médaille de bronze. — M. CHERON, Chienne bull-terrier bringé (*Boulette*).

(32) 7ᵉ CLASSE. — Terriers à poils ras.
(Rattiers.)

1ʳᵉ SOUS-CLASSE. — *Chiens terriers au-dessus du poids de 4 kilos.*

Terrier blanc.	Fox-terrier.
— noir et feu.	Terriers divers.

Pas de 1ᵉʳ ni de 2ᵉ prix.

3ᵉ PRIX : Médaille d'argent. — M. DESCOMBES, Chienne terrier (*Miss*).

4ᵉ PRIX : Médaille d'argent. — M. BAVRY fils, Chien terrier (*Doguin*).

2ᵉ SOUS-CLASSE. — *Chiens terriers au-dessous du poids de 4 kilos.*

Terrier blanc.	* Terriers russes.
— noir et feu.	— divers.

1ᵉʳ PRIX : Médaille d'argent de 75 fr. — M. MAILLARD, Chienne terrier (*Kelly*).

2ᵉ PRIX : Médaille d'argent de 50 fr. — M. MAC-DONALD, Chien terrier blanc (*Daisy*).

3ᵉ PRIX : Médaille d'argent. — M. TREFOUEL, Chien rattier anglais (*Bell*).

4ᵉ PRIX : Médaille d'argent. — M. le Cᵗᵉ d'OSMOND, Chienne terrier toy (*Topsy*).

5ᵉ PRIX : Médaille de bronze. — M. MAC-DONALD, Chien terrier anglais (*Duk*).

6ᵉ PRIX : Mention honorable. — M. CORNELI (Joseph), Chienne rattier anglais.

(25) 8ᵉ CLASSE. — Terriers à long poil.

1ʳᵉ SOUS-CLASSE.

Terrier griffon à nez simple.	Terrier griffon à double nez.

2ᵉ SOUS-CLASSE.

<table>
<tr><td>Terrier à long poil.
Scotch terrier.
Highland terrier.</td><td>Skye.
* Terrier de l'Amérique du Sud.
* Dandy-Dinmont.</td></tr>
</table>

1ᵉʳ PRIX : Médaille d'argent de 75 fr. — M. d'ONSEMBRAY, Chien skye (*Charles*).

2ᵉ PRIX : Médaille d'argent de 50 fr. — M. OLIVE, Chienne skye (*Jenny*).

3ᵉ PRIX : Médaille d'argent. — M. MILLERET D'OMBECOURT, Chienne terrier-griffon (*Bijou*).

4ᵉ PRIX : Médaille d'argent. — M. RAVRY fils, Chien griffon écossais (*Toby*).

5ᵉ PRIX : Médaille d'argent. — M. BARLAS, Chien scotch terrier (*Mop*).

6ᵉ PRIX : Médaille de bronze. — M. ERBMANN, Chien terrier nain (*Turc*).

7ᵉ PRIX : Médaille de bronze. — M. le comte d'OSMOND, Chienne terrier-griffon (*Mauviette*).

8ᵉ PRIX : Médaille de bronze. — M. PIERSON, Chien scotch terrier (*Bock*).

(*) **9ᵉ CLASSE. — Chiens chassant spécialement la Fouine, le Putois et la Martre.**

(4) **10ᵉ CLASSE. — Chiens danois.**

<table>
<tr><td>Grand Danois.</td><td>* Moyen Danois (Dalmatian).</td></tr>
<tr><td colspan="2" align="center">* Petit Danois (Arlequin).</td></tr>
</table>

1ᵉʳ PRIX : Médaille de 100 fr. — M. COUPEUX, Chienne grand Danois (*Lisbonne*).

2ᵉ PRIX : Médaille d'argent de 50 fr. — M. BOCQUET, Chienne grand Danois (*Princesse*).

3ᵉ PRIX : Médaille de bronze. — M. BOCQUET, Chien grand Danois croisé (*Pachia*).

4ᵉ PRIX : Médaille de bronze. — M. HERBERT père, Chien grand Danois croisé (*Pyrame*).

(72) DEUXIÈME CATÉGORIE. — CHIENS DE CHASSE A COURRE.

(13) **11ᵉ CLASSE. — Chiens courants français.**
(Chiens d'ordre.)

<table>
<tr><td>Chien de Saintonge.
— de Poitou.
— vendéen à poil ras.
— — griffon.
— normand.
— breton.</td><td>Chien de Gascogne de Bordeaux.
— de Gascogne de Toulouse.
— de Gascogne des Landes.
* — de Saint-Hubert.
* — de Bresse.
— d'Artois.</td></tr>
</table>

1° Grande médaille d'honneur, offerte par le Jockey-club au plus beau lot de Chiens nés et élevés en France (1000 francs). — M. le baron de CARAYON-LATOUR, meute n° 8.

Ex æquo.

2° Grande médaille d'honneur, offerte par la Vénerie impériale pour le plus beau Chien courant exposé seul (500 fr.) — M. DESVIGNES, n° 59, pour un Foxhound (*Monthabor*).

3° Portrait offert par M. Jadin pour le plus beau Chien courant exposé seul. — M. le baron de RUBBLE, n° 58, Chien courant gascon (*Major*).

4° Objet d'art offert par M. Pallu pour la meute la plus remarquable par sa bonne tenue. — M. DESVIGNES, meute n° 7.

4° Portrait offert par M. Ch. Jacque pour un Chien vendéen. — Meute de M. le comte LE COUTEULX DE CANTELEU, n° 4.

5° Prix du Poitou, pour un lot d'au moins deux couples de Chiens bâtards nés et élevés dans le département de l'Ouest. Médaille d'or de 300 fr. — M. DE LA DÉBUTBIE, meute n° 5.

MEUTE HORS CONCOURS.

Mention très-honorable. — Sa Grâce le duc de BEAUFORT, meute n° 12.

Chiens courants français.

1er PRIX : Objet d'art offert par M. Furne, éditeur du journal *la Vie à la campagne*. — M. le comte LE COUTEULX DE CANTELEU, meute n° 4.

2e PRIX : Médaille d'argent. — M. FROSSARD, meute n° 11.

Chiens anglais.

1er PRIX : Médaille d'or de 100 francs. — M. le vicomte DE LA ROCHEFOUCAULD, meute n° 2.

Bâtards anglo-français.

1er PRIX : Médaille d'or de 100 fr. — M. DE LA DÉBUTBIE, meute n° 5.

2e PRIX : Médaille d'argent de 50 fr. — M. DESVIGNES, meute n° 7.

3e PRIX : Médaille d'argent. — M. le vicomte de CHEZELLES, meute n° 6.

4e PRIX : Médaille d'argent. — M. le vicomte DE LA BESGE, meute n° 9.

5e PRIX : Médaille d'argent. — M. le vicomte DUCHATEL, meute n° 9.

Chiens courants français. — Chiens d'ordre.

1er PRIX : Médaille d'or de 100 fr., offerte par M. Léon de Laval. — M. le baron de ROBLE, Chien courant (*Major*).

2e PRIX : Médaille d'argent de 50 fr. — M. FLOUR, Chien courant (*Gerfaut*).

3e PRIX : Médaille d'argent. — M. le comte DE LA FERRIÈRE, Chien courant (*Mirabeau*).

4e PRIX : Médaille d'argent. — M. le comte BRANICKI, Chien courant (*Gouverneur*)

5e PRIX : Médaille de bronze. — M. FLOUR, Chien courant (*Figaro*).

(4)   12e CLASSE. — Briquets et Chiens à Lièvre.

Chien courant de la Haute-Marne.	Chien courant normand.
— du Morvan.	— des Vosges.
— de Gascogne.	— de Corse.

1er PRIX : Médaille d'or de 100 fr. — M. de BON, Chien courant (*Janus*).

2e PRIX : Médaille d'argent. — M. SAUVAGE, Chiens courants (*Verdeau* et *Termineau*).

(*)   13e CLASSE. — Chiens courants anglais.

(Grandes races.)

Bloodhound.	Foxhound.
Talbot (southern Hound ou old English Hound).	Kerry Beagle.
Staghound.	Otterhound.

(14)   14e CLASSE. — Chiens courants anglais.

(Petites races.)

* Harrier. — Beagles (grands et petits).

1er PRIX : Médaille d'or de 100 fr. — M. BAKER, Beagles.

2e PRIX : Médaille d'argent de 50 fr. — M. GORE, Beagles (*Concorde* et *Comtesse*).

(*) **15ᵉ CLASSE. — Chiens courants divers.**

(Races pures.)

Limier allemand.	Chien courant polonais.
Chien courant suisse.	— italien.
— russe.	Schweisshund, etc.

(11) **16ᵉ CLASSE. — Chiens courants bâtards et croisements divers.**

(Races confirmées.)

1ᵉʳ PRIX : Médaille d'or de 100 fr. — M. JACQUAULT, Chien courant (*Barbouillaud*).

2ᵉ PRIX : Médaille d'argent de 50 fr. — M. le comte DES CARS, Chien courant (*Jupiter*).

3ᵉ PRIX : Médaille d'argent. — M. COUTEAUX, Chien courant (*Camarade*).

4ᵉ PRIX : Médaille d'argent. — M. COUTEAUX, Chien courant bâtard (*Bricole*).

5ᵉ PRIX : Médaille de bronze. — M. le comte DES CARS, Chien courant bâtard (*Junon*).

6ᵉ PRIX : Médaille de bronze. — M. le comte DES CARS, Chien courant bâtard.

7ᵉ PRIX : Médaille de bronze. — M. JACQUAULT, Chien courant bâtard (*Coriolan*).

(27) **17ᵉ CLASSE. — Chiens courants bassets de toute origine.**

Basset à jambes droites, à poil ras.	* Basset de Burgos.
— à poil long.	* — de Saint-Domingue.
— torses, à poil ras.	* — d'Illyrie.
— à poil long.	* — hongrois.
— du grand-duché de Baden.	

1ᵉʳ PRIX : Médaille d'or de 100 fr. — M. LEDÉE, Bassets (*Ravo et Deer*).

2ᵉ PRIX : Médaille d'argent de 50 fr. — M. DIAS, Basset (*Miraud*).

3ᵉ PRIX : Médaille d'argent. — M. MOREAU-CHASLON, Bassette (*Ravaude*).

4ᵉ PRIX : Médaille d'argent. — M. REIGNARD, Bassets (*Waltmann et Waldine*).

5ᵉ PRIX : Médaille d'argent. — M. ***.

6ᵉ PRIX : Médaille de bronze. — BARBIER, Bassette (*Ravaude*).

7ᵉ PRIX : Médaille de bronze. — REMY, Basset (*Ronflo*).

(175) TROISIÈME CATÉGORIE. — CHIENS DE CHASSE D'ARRÊT.

Grande médaille d'honneur (500 francs).

Prix donné par M. le baron James de ROTHSCHILD. — M. CAILLAUD, Chien épagneul écossais.

(82) **18ᵉ CLASSE. — Braques français.**

Braque Dupuy.	Braque sans queue du Bourbonnais.
— picard.	— du Poitou.
— normand.	— à double nez.
— ardennais.	— d'Anjou.

1ᵉʳ PRIX : Médaille d'or de 200 francs, prix du journal *le Sport*, avec la statuette du Chien primé offerte par M. Godin, statuaire. — M. CAZÈRES, Chien braque Dupuy (*Fox*).

2ᵉ PRIX : Médaille d'or de 100 francs, prix de la ville de Paris. — M. RICHARD, Braque picard (*Zédor*).

3ᵉ PRIX : Médaille d'argent de 50 fr., prix du *Journal des chasseurs*. — M. SABARD DE PIERRELAYE, Braque français (*Kelpa*).

4ᵉ PRIX : Médaille d'argent, prix du *Journal des chasseurs*. — M. GEOFFROY, Braque français.

5ᵉ PRIX : Médaille d'argent, prix de la ville de Paris. — M. DELYE, Braque français (*Léda*).

6ᵉ PRIX : Médaille de bronze. — M. MALÉZIEUX, Braque français breton (*Block*).

7ᵉ PRIX : Médaille de bronze. — M. HOUSSEAU, Braque Dupuy (*Bally*).

8ᵉ PRIX : Mention honorable. — M. ***.

(11)　　　**19ᵉ CLASSE. — Braques anglais.**

Pointers de grande race.　|　Pointers de petite race.

1ᵉʳ PRIX : Médaille d'or de 200 fr. — M. NEWTON, Braque anglais (*Renyer*).

2ᵉ PRIX : Médaille d'or de 100 fr. — M. CAILLARD (Paul), Pointers (*Doun et Dol*).

3ᵉ PRIX : Médaille d'argent de 50 fr. — M. SOUCHARD (Eug.), Pointer (*Vénus*).

4ᵉ PRIX : Médaille d'argent. — M. HAMOT, Braque (*Diamant*).

5ᵉ PRIX : Médaille d'argent. — M. MALHERBE, Pointer (*Roquelaure*).

6ᵉ PRIX : Médaille de bronze. — M. le comte de BIENCOURT, Pointer anglais (*Diane*).

7ᵉ PRIX : Médaille de bronze. — M. FRANÇOIS (*Jacques*).

8ᵉ PRIX : Mention honorable. — M. le comte de BIZEMONT, Chienne Pointer (*Diane*).

9ᵉ PRIX : Mention honorable. — M. SOLENCE, Braque français de Saint-Germain (*Kate*).

(2)　　　**20ᵉ CLASSE. — Braques étrangers divers.**

* Braque espagnol, jaune et blanc.　|　* Braque d'Italie (Chien bleu).
*　　— des Baléares.　|　*　　— du Bengale.

(39)　　　**21ᵉ CLASSE. — Chiens de chasse épagneuls.**

1ʳᵉ SOUS-CLASSE. — *Épagneuls français.*

Épagneul de Pont-Audemer. — Épagneul à double nez.

Pas de 1ᵉʳ Prix.

2ᵉ PRIX : Médaille d'or de 100 fr. — M. SOUPEY, Chien épagneul français (*Stop*).

2ᵉ SOUS-CLASSE. — *Épagneuls anglais* (Setters).

Épagneul anglais (Setter).　|　Épagneul écossais (noir, jaune).
　　— noir et feu (Gordon).　|　Épagneul irlandais (rouge), etc

1ᵉʳ PRIX : Médaille d'or de 200 fr. — M. CAILLARD, Setter anglais (*Dick*).

2ᵉ PRIX : Médaille d'or de 100 fr. — M. YCHERY, Épagneul anglais (Gordon), (*Tom*).

3ᵉ PRIX : Médaille d'argent de 60 fr. — M. DERVILLE, Épagneul anglais (Gordon), (*Carlo*).

4ᵉ PRIX : Médaille d'argent. — M. le comte BRANICKI, Setter anglais (*Major*).

5ᵉ PRIX : Médaille d'argent. — M. le comte de DAMAS, Chienne épagneule écossaise (*Esther*).

6ᵉ PRIX : Médaille de bronze. — COULEBŒUF DE BLOCQUEVILLE, épagneul écossais (*Silvia*).

3ᵉ SOUS-CLASSE. — *Épagneuls étrangers divers.*

Épagneul allemand.　|　Épagneul espagnol, etc.

(5) 22e CLASSE. — Épagneuls anglais.
(Petites races.)

Épagneul basset (Clumber). | Cocker du Devonshire.
— du Norfolk. | — du pays de Galles.
— du Sussex (Springer). |

1er PRIX : Médaille d'or de 200 fr. — M. HEATH, Cockers du Suffolk (*Fanny* et *Flora*).
2e PRIX : Médaille d'or de 100 fr. — M. DE LA ROCHETULON, Clumber Spaniel, (*Prince*).

(12) 23e CLASSE. — Épagneuls d'eau (Retrievers).

Retriever anglais. | Épagneul d'eau à longues oreilles.
— irlandais. | *Waterspaniel.

1er PRIX : Médaille d'or de 200 fr. — M. RILEY (d'Halifax), Chien retriever anglais (*Bess*).
Pas de 2e ni de 3e Prix.
4e PRIX : Médaille d'argent. — M. RILEY (d'Halifax), Chien retriever (*Royal*).
5e PRIX : Médaille de bronze. — M. PIERSON, Retriever (*Sailor*).

(24) 24e CLASSE. — Barbets et Griffons d'arrêt.

1re SOUS-CLASSE. — *Chiens barbets.*

Barbet de grande race. — Grand Barbet russe, etc.

1er PRIX : Médaille d'or de 100 fr. — M. HUBERT, Caniche (*Mouton*).
2e PRIX : Médaille d'argent de 75 fr. — M. DECZÉ (*Rustique*).
3e PRIX : Médaille d'argent de 50 fr. — M. JÉRÔME, Caniche (*Mouton*).

2e SOUS-CLASSE. — *Chiens griffons.*

Griffon français ou Bouffe. — Griffon autrichien, etc.

1er PRIX : Médaille d'or de 100 fr. — M. GASNIER, Chien d'arrêt griffon français (*Minos*).
2e PRIX : Médaille d'argent de 75 fr. — M. MASSON, Chien d'arrêt griffon (*Broussaille*).
3e PRIX : Médaille d'argent de 50 fr. — M. le baron ROGER DE BRIMONT, Chien français (*Marius*).
4e PRIX : Médaille d'argent. — M. MILLERET D'OMBRECOURT, Chienne griffonne d'arrêt (*Lamiche*).
5e PRIX : Médaille de bronze. — M. BORDEAUX, Griffon d'arrêt (*Sultan*).
6e PRIX : Mention honorable. — M. BÉGARD, Griffon (*Carlo*).

(34) QUATRIÈME CATÉGORIE. — LÉVRIERS.

Médaille d'honneur (250 fr.) — M. le comte de MIREPOIS, Levrette espagnole (*Fauvette*).

(12) 25e CLASSE. — Lévriers à poils ras.

Greyhound. | *Lévrier tigré de l'Amérique du Sud.
Sloughi. | *Charnègue.
Lévrier de Grèce. | Lévrier des îles Baléares.

1er PRIX : Médaille d'or de 150 fr. — M. le comte de MIREPOIS, Levrette espagnole (*Fauvette*).
2e PRIX : Médaille d'or de 100 fr. — M. le comte de DAMAS, Lévrier anglais-
russe (*Aral*).
3e PRIX : Médaille d'argent. — M. BARDON, Levrette greyhound (*Diane*).
4e PRIX : Médaille de bronze. — M. NIGRA, Chienne levrette sloughi (*Houri*).

(26) 26e CLASSE. — Lévriers à long poil.

Lévrier persan. | Lévrier russe.
— syrien. | — tartare.
— à loup d'Irlande (Wolfhunde) | — circassien.
— d'Écosse (Deerhound). | — kurde.

1er PRIX : Médaille d'or de 150 fr. — M. BRUNFAUT, Lévrier kurde (*Lavocat-
Pacha*).
2e PRIX : Médaille d'or de 100 fr. — M. PRINS, Lévrier russe (*Tarki*).
3e PRIX : Médaille d'argent. — M. DOLGOROUKY, Lévrier circassien (*Tcherkesse*).
4e PRIX : Médaille de bronze. — M. le vicomte LÉPIC, Levrette syrienne
(*Abreckt*).

(70) CINQUIÈME CATÉGORIE. — CHIENS DE LUXE.

Médaille d'honneur (200 fr.) — M. GUPPY JOHN, King-Charles (*Napoléon*).

(14) 27e CLASSE. — Levrons.

Levrette italienne. | Chien nu du Mexique et de Chine.
Petite Levrette de Syrie. | Chien à crinière.
Chien turc (nu). |

1er PRIX : Médaille d'or de 100 fr. — Madame la comtesse de CH..., Levrette
(*Bianche*).
2e PRIX : Médaille d'argent. — M. SMITH, Levrette italienne (*Mirza*).
3e PRIX : Médaille d'argent. — M. DUMAS, Chienne nue chinoise (*Miss*).

(20) 28e CLASSE. — Petits Épagneuls de luxe.

King-Charles. | Épagneul chinois noir et blanc.
Bleinheim. | Chien du Japon, de Chine (à jambes
Gredin. | courtes).

1er PRIX : Médaille d'or de 100 fr. — M. GUPPY (*Napoléon*).
2e PRIX : Médaille d'argent. — M. MAC-DONALD, Chienne Bleinheim (*Grace*).
3e PRIX : Médaille d'argent. — M. MAC-DONALD, Chienne Bleinheim (*Jenny*).

(32) 29e CLASSE. — Petits Caniches de luxe.

Bichon havanais. | Bichon des Baléares.
— du Pérou. | — d'Autriche.
— de Malte. | Chien lion.

1er PRIX : Médaille d'or de 100 fr. — M. MANDEVILLE, Bichon maltais (*Fido*).
2e PRIX : Médaille d'argent. — Madame PLANQUET, Chiens bichons havanais.
3e PRIX : Médaille d'argent. — M. RUELLE, Chienne bichonne de la Havane
(*Coquette*).

(2) 30° CLASSE. — Chiens divers de luxe et d'appartement.

Carlin (Mopse ou Pug-dog).
* Chien d'Alicante.

1ᵉʳ PRIX : Médaille d'argent. — M. GILBERT, Chien carlin (*Prince*).
2ᵉ PRIX : Médaille d'argent. — M. TAMBERLICK, Chien carlin (*Carreau*).

(2)   31° CLASSE. — Chiens des régions boréales.

Chien de Poméranie (dit Loulou). | * Chien d'Islande.
* — d'Alsace. | * — de Laponie.

SIXIÈME CATÉGORIE. — CHIENS EXOTIQUES.

32° CLASSE.

1° Chiens utilisés par l'homme en différentes contrées lointaines.

Chien des Esquimaux. | Chien du Canada.
— de Sibérie. | — à Kangurous.
— de Tartarie. | — Kabyle.
— du Kamtchatka. | — des hazars d'Orient.
— du Groënland.

2° Chiens servant à la nourriture de l'homme.

Chien chinois (*Canis edibilis*). | * Chien comestible de l'Amérique du Nord.
* Poull de la Nouvelle-Irlande. | * Chien comestible de la Polynésie.

3° Chiens non soumis à l'homme.

Chien des Indes orientales, ou Dohle. | Chien de l'Himalaya, ou Wahh.
— de la Nouvelle-Hollande, ou Dingo. | — de l'Inde, ou Quao.

4° Chiens redevenus libres.

Chien marron de l'Amérique. | Chien du cap de Bonne-Espérance.
— de la Nouvelle-Calédonie. | — de Saint-Domingue.
— de Sumatra.

MEUTES.

1. Lot de Chiens courants anglais (*Foxhounds*), exposé par S. A. I. le prince Napoléon.

2. Lot de Chiens courants anglais (*Foxhounds*), exposé par MM. de la Rochefoucauld.

3. Lot de Chiens courants anglais (*Foxhounds*), exposé par M. le comte d'Osmond.

4. Lot de Chiens courants vendéens-nivernais, exposé par M. le comte Le Couteulx de Canteleu.

5. Lot de Chiens courants anglo-poitevins, exposé par M. le vicomte de la Débutrie.

6. Lot de Chiens courants bâtards anglais, exposé par M. Roger de Chezelles.

7. Lot de Chiens courants bâtards anglais, exposé par M. Desvignes.

8. Lot de Chiens courants français de Virlade (race de Bordeaux), exposé par M. Joseph de Carayon-Latour.

9. Lot de Chiens courants poitevins bâtards, exposé par M. de la Besge.

10. Lot de Chiens courants anglo-gascons-saintongeois, exposé par M. le comte Duchatel.

11. Lot de Chiens courants français-vendéens, exposé par M. Frossard.

12. Lot de Chiens courants anglais (*Foxhounds*), exposé par S. G. le duc de Beaufort.

Une première vente aux enchères publiques a eu lieu le mercredi 13 mai, au Jardin zoologique d'acclimatation.

Une seconde vente s'est faite le lundi 18 mai.

Cette dernière vente comprenait un Taureau *Sarlatot* offert par M. Dutrône au profit des ouvriers cotonniers. — Ce taureau, âgé de trois mois seulement, a été vendu 320 fr.

Pendant tout le temps de la distribution des médailles, les piqueurs des maîtres d'équipage, dans leurs divers costumes de vénerie, sonnaient des fanfares de chasse. A chaque proclamation de lauréat, les meutes répondaient à ces appels, ce qui donnait à cette cérémonie, une couleur locale des plus pittoresques.

Disons, enfin, que cette exposition, favorisée par le plus beau temps, n'a donné lieu, malgré la réunion d'un si grand nombre d'animaux, à aucun accident, et a attiré au Jardin plus de cent mille visiteurs.

Paris. — Imprimerie de E. MARTINET, rue Mignon, 2.

EXTRAIT DES RÈGLEMENTS

DE LA SOCIÉTÉ IMPÉRIALE ZOOLOGIQUE D'ACCLIMATATION.

Le but de la Société est de concourir :

1° A l'introduction, à l'acclimatation et à la domestication des espèces d'animaux utiles ou d'ornement ;

2° Au perfectionnement et à la multiplication des races nouvellement introduites ou domestiquées.

Elle s'occupe aussi de l'introduction et de la multiplication des végétaux utiles.

Le nombre des membres de la Société est illimité.

Les Français et les étrangers peuvent également en faire partie.

Pour faire partie de la Société, on devra être présenté par trois membres sociétaires, qui signeront la proposition de présentation, et être admis à la majorité absolue des membres du Conseil.

Les personnes qui résident à l'étranger et qui désireraient être admises comme membres de la Société, peuvent faire connaître leur intention par lettre adressée directement à M. le Président.

Chaque membre paye :

1° Un droit d'entrée fixé à 10 francs ; 2° une cotisation annuelle de 25 francs, qui peut être remplacée par une somme de 250 francs une fois payée.

La Société reconnaît des *sociétés affiliées* et des *sociétés agrégées.*

Ces dernières sont complétement assimilées aux membres.

Les membres auxquels il est distribué des graines, bulbilles, tubercules ou plants de végétaux, ou des œufs d'oiseaux, de poissons ou de vers à soie, sont tenus de mettre à la disposition de la Société une partie des produits qu'ils auront obtenus. Dans tous les cas aussi, les membres devront faire connaître à la Société les résultats de leurs essais.

Le recueil périodique des travaux de la Société est gratuitement adressé à chaque membre, à partir du 1ᵉʳ janvier de l'année de son admission.

Les membres reçoivent, avec la quittance de leur cotisation, une carte annuelle qui leur donne droit à dix entrées au Jardin d'acclimatation.

Toute demande de renseignements ou correspondance administrative peut être adressée à M. l'Agent général, au siège de la Société, rue de Lille, 19.

ANNUAIRE

DE LA SOCIÉTÉ IMPÉRIALE D'ACCLIMATATION

ET DU JARDIN D'ACCLIMATATION DU BOIS DE BOULOGNE.

1re ANNÉE. — 1863.

PRIX : 1 FR. — PAR LA POSTE 1 FR. 25.

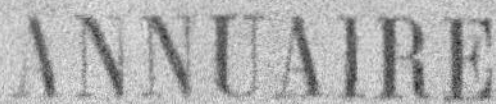

JARDIN D'ACCLIMATATION

PRIX D'ENTRÉE :

En semaine.

Pour le Jardin et les Serres, par personne. . . . . 1 fr. » c.

Les dimanches et jours de fête.

Pour le Jardin seulement. . . . . » 50
Supplément pour les serres. . . . . » 50

**Réduction de prix pour lycées, institutions, pensions
et séminaires.**

De 10 à 20 élèves. . . . . » 30
Au-dessus de 20 . . . . » 25

Paris. — Imprimerie de E. Martinet, rue Mignon, 2.